普通高等教育"十三五"精品规划教材

# 基础力学实验指导

主　编　李晓丽
副主编　刘国华　贺　云

中国水利水电出版社
www.waterpub.com.cn
·北京·

## 内 容 提 要

　　本书是参照教育部高等学校力学指导委员会非力学类专业基础课程教学指导分委员会提出的材料力学课程、工程力学课程教学基本要求编写的，主要内容包括基础力学实验基本原理、方法和实验仪器设备，包括材料的拉伸和压缩力学性能、材料的弹性常数、扭转以及利用多功能实验台开展的等强度梁实验、梁的弯曲正应力实验、平面应力状态下主应力的测试实验、连续梁实验等基础知识。

　　本书既可以作为农业水利工程、水利水电工程、土木工程、给水排水工程、环境工程、森林工程、机械工程、交通运输工程等专业本科生、专科生的材料力学、工程力学实验课的教材，也可供研究生和有关工程技术人员参考。

## 图书在版编目（ＣＩＰ）数据

基础力学实验指导 / 李晓丽主编. -- 北京 ： 中国
水利水电出版社，2018.9（2024.7重印）.
普通高等教育"十三五"精品规划教材
ISBN 978-7-5170-6965-2

Ⅰ．①基… Ⅱ．①李… Ⅲ．①力学－实验－高等学校
－教材 Ⅳ．①O3-33

中国版本图书馆CIP数据核字(2018)第226610号

| 书　　名 | 普通高等教育"十三五"精品规划教材 **基础力学实验指导** JICHU LIXUE SHIYAN ZHIDAO |
|---|---|
| 作　　者 | 主　编　李晓丽 副主编　刘国华　贺　云 |
| 出版发行 | 中国水利水电出版社 （北京市海淀区玉渊潭南路 1 号 D 座　　100038） 网址：www.waterpub.com.cn E-mail：zhiboshangshu@163.com 电话：(010) 62572966-2205/2266/2201（营销中心） |
| 经　　售 | 北京科水图书销售有限公司 电话：(010) 68545874、63202643 全国各地新华书店和相关出版物销售网点 |
| 排　　版 | 北京智博尚书文化传媒有限公司 |
| 印　　刷 | 三河市龙大印装有限公司 |
| 规　　格 | 170mm×240mm　　16 开本　　6 印张　　110 千字 |
| 版　　次 | 2018 年 9 月第 1 版　　2024 年 7 月第 4 次印刷 |
| 定　　价 | 19.00 元 |

# 前 言

　　基础力学实验是材料力学、工程力学教学中的重要组成部分，是工科学生必须掌握的重要实践课程。基础力学实验对提高学生发现问题、分析问题和解决问题能力的培养具有重要作用，能够有效提高学生素质，培养学生创新能力，增强学生实践能力。本书是参照教育部高等学校力学指导委员会非力学类专业基础课程教学指导分委员会提出的材料力学课程、工程力学课程教学的基本要求编写的，适合作为农业水利工程、水利水电工程、土木工程、给水排水工程、环境工程、森林工程、机械工程、交通运输工程等专业本科生、专科生的材料力学、工程力学实验课的教材，也可供研究生和有关工程技术人员参考。

　　本书由李晓丽教授任主编，刘国华、贺云任副主编，其中第1、4章及实验报告一与四由李晓丽编写，第2、3章及实验报告二与三由刘国华编写，第5~8章及实验报告五至八由贺云编写。全书由申向东教授主审。

　　本书在编写过程中参考了兄弟院校的材料力学实验教材及实验设备厂家提供的部分仪器设备资料，在此表示诚挚的谢意。由于编者水平有限，书中难免有不足之处，恳请广大读者提出宝贵意见与建议。

编者

2018 年 8 月

# 目　　录

# 第 1 章

## 实验基础知识

## 1.1 实验内容及研究方法

基础力学实验是材料力学、工程力学教学中的一个重要环节，是工科学生必须掌握的重要实践课程。实验是进行科学研究的重要方法，科学史上许多重大发明就是依赖科学实验而得到的，许多新理论的建立也是靠实验来验证的。例如，材料力学、工程力学中许多理论的形成就是首先对研究对象进行一系列大量的实验，然后根据实验中的有关现象，将真实材料理想化、实验构件典型化、公式推导假设化，经过简化处理后，从而得出相应的结论和定律。至于这些结论和定律是否正确，以及能否在工程中予以应用，仍然需要通过实验验证才能断定。在解决工程设计中的强度、刚度和稳定性等问题时，首先要知道材料的力学性能和表达力学性能的材料常数，这些常数只有靠实验才能测定。有时工程中构件的几何形状和载荷都十分复杂，构件中的应力单纯靠计算难以得到正确的数据，在这种情况下，就必须借助于实验分析的手段才能求得解决。让学生通过实验的手段提高发现问题、分析问题和解决问题的能力，提高学生的实验技能和工作实践能力，为相关的后续专业课程的学习与工程应用奠定不可或缺的基础。

在力学理论建立的过程中，要求研究材料的本构关系，并确定有关的材料参数。此外还需要确定材料的其他力学性能参数。精确地测量上述力学量，是对构件进行准确可靠的力学分析和计算，最后正确作出力学预测和判断的前提。

基础力学不是纯粹由严谨的逻辑推理建立起来的理论学科。在材料力学、工程力学的研究中，引进了许多假设与简化。如关于材料的连续性、均匀性及各向同性的假设；关于构件的小变形条件，实际上材料弹性范围的线性关系也不是严格的，尤其是引入了平面假设等来简化变形几何关系。虽然这些假设简化了一些力学的理论，但是由这些假设推导出材料的力学理论的有效性、精确程度、应用范围如何呢？最简单易行的办法就是通过实验进行验证。这样的验证，对于材料力学、工程力学这些实践性较强的学科，从思维逻辑和理论的完整性来说，是不可缺少的。

实验研究也是基础力学研究、解决实际问题极为重要的方法和手段。对于很多重要的工程构件或结构，由于数学方法上的困难，仅靠理论分析，难以求得理论解析解。实验研究正是求解这些较为复杂问题的有效而又可靠的方法。对于重要的实际问题，实验测试研究是不可缺少的，它可以与理论解、数值解相互佐证。将材料的力学实验与现代计算机相结合，还可以发展新理论、设计新型结构，为研制新材料提供充分、可靠的依据，有效地解决许多理论上尚不能解决的工程难题。

基础力学实验指导就是通过实验来加强学生对材料的力学基本理论、基本概念和研究方法的理解与掌握，实验内容包括以下几个方面。

### 1.1.1 测定材料机械性能的实验

根据力学公式能够计算在荷载作用下构件应力的大小。为了建立其相应的强度条件必须了解其材料的强度、刚度、弹性等特性，这就需要通过拉伸、压缩等实验测定材料的屈服极限、强度极限、延伸率、弹性常数，如弹性模量 $E$ 和泊松比 $\mu$ 等反映材料机械性能的参数，这些参数是设计构件的基本依据。但是同一种材料用不同的实验方法，测得的数据可能会有明显差异。因此，为了正确地取得这些数据，实验时就必须依据国家规范，按照标准化的程序来进行。

### 1.1.2 验证理论的实验

反映材料力学性能的一些公式都是在对实际问题进行简化和假设的基础上（如平面假设、材料均匀性假设、弹性和各向同性假设等）推导而得的。事实上，材料的性质往往与完全均匀和完全弹性是有差异的，因此必须通过实验对根据假设推导出的公式加以验证，才能确定公式的使用范围。将一般问题抽象为理想的模型，再根据科学的假设，推导出一般性公式，这是研究材料力学通常采用的方法。这些简化和假设是否正确，理论公式在设计中的应用程度，都需要通过实验来验证。此外，对于一些近似解答，其精确度也必须通过实验校核后才能在工程设计中使用。本书中介绍的弯曲正应力实验和主应力测定就是这类实验。

### 1.1.3 实验应力分析

工程中有许多实际构件，其形状和受载情况是十分复杂的，其内部的应力大小及分布情况，单纯依靠材料力学的理论计算是难以解决的。近年来，虽然可以用有限元法来计算，但也要经过适当简化才有计算的可能；而且，对于用有限元法计算结果的精确性，也要通过实验的方法来加以验证。实验应力分析就是一种用实验方法来测定构件中的应力和应变的手段，它是目前解决工程实际问题的一个新兴、有效的途径。实验应力分析方法（如电测法、光测法、脆性涂层法、云纹法、X光衍射法等）所获得的结果，不仅直接而且可靠，已成为工程实际中寻求最佳设计方案、合理使用材料，挖掘现有设备潜力以及验证和发展理论的有力工具。

## 1.2　实验室管理

力学实验所用仪器设备多数属于大型仪器，为了保持良好的教学秩序，达到预期的教学目的，保护国家财产，避免实验事故发生，使学生养成科学严谨的工作作风，参加实验的学生必须遵守下述规则：

（1）进入实验室之前要参加安全教育和培训，做到对机器和自身的安全负责。必须遵守学校及实验室的各项规章制度，做好安全防护。在实验室发生事故时要立即处置，及时上报。

（2）实验课前必须认真预习。实验前必须着重阅读机器的操作规程和注意事项，初步了解掌握所用仪器和设备，清楚实验的目的和内容以及通过实验要测取哪些数据，实验时严格遵照规程进行操作并正确读取数据。

（3）准时进入实验室，按照要求认真进行实验。未经指导教师同意，不得擅自动用与本次课程无关的设备。实验结果经指导教师审阅，签名后可以结束实验。实验结束时关闭电源，整理、清点实验物品，经指导教师同意方可离开实验室。

（4）课后按时完成、上交实验报告。

## 1.3　实验报告的书写

实验报告是实验者最后交出的成果，是实验资料的总结。实验报告应包括如下内容：

（1）实验名称、实验日期、当时的室温、实验人员的姓名。

（2）实验目的。

（3）实验中使用的机器和仪表的名称、型号、精度（或放大倍数等）。

（4）实验数据及其处理（方法参照 1.4 节内容）。

（5）计算（方法参照 1.4 节内容）。

（6）实验结果的表示（方法参照 1.5 节内容）。

（7）在实验报告的最后部分，应当对实验结果进行分析，说明其主要结果是否正确，对误差加以分析，并回答指定的思考题。

## 1.4　实验数据分析方法

掌握在力学试验中所测得的原始数据并不是最终结果，还需要对所测数据进行统计归纳、分析整理，找出其内在的本质联系，才是实验的目的所在。本节简单介绍力学实验数据统计分析的基本方法。

### 1.4.1　测量与误差

测量是从客观事物中获取有关信息的认识过程，其目的是在一定条件下获得被测量的 真值，任何实际物理量的测量都或大或小存在测量误差。尽管被测量的真值客观存在，但由于实验时所进行的测量工作都是依据一定的理论与方法，使用一定的仪器与工具，并在一定条件下由一定的人进行的，而试验理论的近似性、仪器设备灵敏度与分辨能力的局限性以及实验环境的不稳定性等因素的影响，使得被测量的真值很难求得，测量结果和被测量真值之间总会存在或多或少的偏差，由此而产生误差也就必然存在，这种偏差叫作测量值的误差。设测量值为 $x$，真值为 $A$，则误差 $\varepsilon$ 为

$$\varepsilon = |x - A| \tag{1-1}$$

测量所得到的一切数据都含有一定量的误差，没有误差的测量结果是不存在的。真值及其取值范围在测量前是未知的。对测量原始数据进行统计分析时，常以测量数据的代数平均值作为近似的真值。容易理解 $\varepsilon$ 值恰好表示测量值与真值邻域尺度大小，$\varepsilon$ 值越小，就可以对真值作出越接近实际的判断。

既然误差一定存在，那么测量的任务即是设法将测量值中的误差减至最小，或在特定的条件下，求出被测量的最近真值，并估计最近真值的可靠度。按照对测量值影响性质的不同，误差可分为系统误差、偶然误差和过失误差，此三类误差在试验时测得的数据中常混杂在一起出现。

1. 系统误差

在指定测量条件下，多次测量同一量时，若测量误差的绝对值和符号总是保持恒定，测量结果始终朝一个方向偏离或者按某一确定的规律变化，这种测量误差称为系统误差或恒定误差，这种误差产生通常有其固有的原因。系统误差的产生主要与以下因素有关。

（1）仪器设备系统本身的问题，如仪器状态和调试没有达到要求的精度、转换参数选择不准。

（2）使用仪器时的环境因素，如实验过程中温度、湿度、气压的逐时变化等。

（3）测量方法的影响与限制，如实验时对测量方法选择不当，相关作用因素在测量结果表达式中没有得到反映，重要影响因素的漏估、错估，或者所用公式不够严密以及公式中系数的近似性等，从而产生方法误差。

（4）测量者个人习惯性误差，如有的人在测量读数时眼睛位置总是偏高或偏低，记录某一信号的时间总是滞后，等等。

由于系统误差是恒差，因此，采用增加测量次数的方法不能消除系统误差。通常可采用多种不同的实验技术或不同的实验方法，以判定有无系统误差的存在。在确定系统误差的性质之后，如果时间和条件允许，最好在消除系统误差的来源后，重新测量，从而提高测量的准确度。

**2. 偶然误差**

偶然误差也叫随机误差，是指在同一条件下反复多次测量同一量时，测得值总是有稍许差异并变化不定，且在消除系统误差之后依然如此，这种绝对值和符号经常变化的误差称为偶然误差。偶然误差产生的原因较为复杂，影响的因素很多，难以确定某个因素产生具体影响的程度，因此偶然误差难以找出确切原因并加以排除。试验表明，大量次数测量所得到的一系列数据的偶然误差都遵从一定的统计规律。

（1）绝对值相等的正、负误差出现机会相同，绝对值小的误差比绝对值大的误差出现的机会多。

（2）误差不会超出一定的范围，偶然误差的算术平均值随着测量次数的无限增加而趋向于零。

大量实验表明，要较好地减少偶然误差，就需要在相同的测量条件下，对同一量进行多次测量，用算术平均值作为所测量的结果。

设某量的 $n$ 次测量值为 $x_1$，$x_2$，$\cdots$，$x_n$，其误差依次为 $\varepsilon_1$，$\varepsilon_2$，$\varepsilon_3$，$\cdots$，$\varepsilon_n$，真值为 $A$，则

$$(x_1 - A) + (x_2 - A) + (x_3 - A) + \cdots + (x_n - A) = \varepsilon_1 + \varepsilon_2 + \varepsilon_3 + \cdots + \varepsilon_n$$

将上式展开整理得

$$\frac{1}{n}\left[(x_1 + x_2 + x_3 + \cdots + x_n) - nA\right] = \frac{1}{n}(\varepsilon_1 + \varepsilon_2 + \varepsilon_3 + \cdots + \varepsilon_n) \quad （1-2）$$

式（1-2）表示平均值的误差等于各测量值误差的平均。由于测量值的误差有正有负，相加后可抵消一部分，而且 $n$ 越大相抵消的机会越多。因此，在确定的测量条件下，减小测量偶然误差的办法是增加测量次数。在消除系统误差之后，算术平均值的误差随测量次数的增加而减少，平均值即趋于真值，因此，可取算术平均值作为直接测量的最近真值。

测量次数的增加对提高平均值的可靠性是有利的，但并不是测量次数越多越好。因为增加次数必定延长测量时间，这将给保持稳定的测量条件增加困难，同时延长测量时间也会给观测者带来疲劳，这又可能引起较大的观测误差。另外增加测量次数只能对降低偶然误差有利，而与系统误差减小无关，所以实际测量次数不必过多，一般取 4~10 次即可。

**3. 过失误差**

凡是在测量时用客观条件不能解释为合理的那些突出的误差称为过失误差。过失误差是观测者在观测、记录和整理数据的过程中，由于缺乏经验、粗心大意、时久疲劳等原因引起的。初次进行实验的学生，在实验过程中常常会产生过失误差，学生应在教师的指导下不断总结经验，提高试验素质，努力避免过失误差的出现。

误差的产生原因不同，种类各异，其评定标准也有区别。为了评判测量结果的好坏，我们引入测量的精密度、准确度和精确度等概念。精密度、准确度和精

确度都是评价测量结果好坏与否的，但各词含义不同，使用时应加以区别。测量的精密度高，是指测量数据比较集中，偶然误差较小，但系统误差的大小不明确。测量的准确度高，是指测量数据的平均值偏离真值较小，测量结果的系统误差较小，但数据分散的情况即偶然误差的大小不明确。测量的精确度高，是指测量数据比较集中在真值附近，即测量的系统误差和偶然误差都比较小，精确度是对测量的偶然误差与系统误差的综合评价。

### 1.4.2　有效数字

1. 有效数字意义

由于实测原始数据和处理分析过程中得到的数据都具有一定的精度。因此在数据记录和数据处理过程中，应该选择合理的数据位数表示这些近似数，以便简明清晰地辨识各测试数据的精度，保证间接测量时最终测试结果的可靠性，这就是涉及有效数字的应用。

实验测量中，所使用的机器、仪器和量具，其标尺刻度的最小分度值是随机器、仪器和量具的精度不同而不同的。在测量时，除了要直接从标尺上读出可靠的刻度值外，还应尽可能地读出最小分度线的下一位估计值（只需 1 位）。例如，用百分表测变形，百分表的最小刻度值是 0.01 mm，其精度（仪表的最小刻度值代表了仪器的精度）即为 1% mm。但实际上，在最小刻度间还可以作读数估计，如可在百分表上读取 0.128 mm，其中，最后一位数字"8"就是估读出来的。这种由测量得来的可靠数字和末位的估计数字所组成的数字，称为有效数字。由此可见，有效数字的位数是取决于测量仪器精度的，不能随意增减。多写了位数，意味着夸大了仪器的精度；少写了位数，损失了测量所得的精度。所以，在填写实验数据时，一定要注意其有效数字的位数应与仪器本身的精度相适应。例如，用百分表测出的变形数据，其有效数字就应取 3 位，即 0.128 mm 或 $128 \times 10^{-3}$ mm。

再如实验测得试件的直径是 $d = 10$ mm 与 $d = 10.0$ mm 的意义不同，后者表示的测量精度较高。

2. 有效数字处理

实验中测得的数据，它们的有效数字位数有可能各不相同，在运算时就需要合理地处理。这里仅介绍数据处理及简单运算中需要注意的最基本方法。

（1）几个数相加（或相除）时，其积（或商）的有效数字位数应与几个数中小数点后面位数最少的那个相同。例如，4.33+31.7+2.652 应写为 38.7，而不应写为 38.682。

（2）几个数相乘（或相除）时，其积（或商）的有效数字位数应与几个数中位数最少的相同。例如，截面面积 $A = 23.49 \times 52.1$ 的计算结果，不必写成 $A = 1\,223.829$ mm²，而应写作 $A = 1\,223.8$ mm²。

（3）常数以及无理数（如 $\pi$、$\sqrt{2}$ 等）参与运算，不影响结果的有效数字位数。

如无理数参与运算时，该无理数的位数中需与有效数字最少的位数相同。例如，测得一试件的直径为 $d = 10.02$ mm，则该试件的横截面面积

$$A = \pi \times 10.02^2 / 4 = 3.142 \times 10.02^2/4 = 78.86(\text{mm}^2)$$

（4）在确定有效数字的位数时，如第一位数字≥8，则有效数字的位数可多算一位。例如，9.15 虽然只有 3 位，但可认为它是 4 位有效数字。

（5）求 4 个数或 4 个数以上的平均值时，结果的有效位数要增加 1 位。

（6）舍弃有效数字位数以后的数字，按四舍六入五单双法处理。其舍弃方法：若应保留的最后位数的下一位数字小于 5 时，则应保留的最后位数的数字保持不变。当保留的最后位数的下一位数字大于 5 时，则在保留的最后位数的数字上增加 1。当保留的最后位数的下一位数字为 5，并且在 5 的后面没有数字或只有 0 时，如果留的最后位数的数字为奇数，则在此位数的数字上加 1，如果是偶数，则保持不变。如果 5 后面还有其他不为零的数字，则在最后保留位数的数字上增加 1。

例如，某一物理量 $G$ 按相应的技术条件规定，所需位数只要 3 位。下面分左、右依次列出经过 5 次测试和计算得出的 $G_i$ 和根据四舍六入五单双法的规定而整理的 $G_i'$：

$$G_1 = 28.447, \quad G_1' = 28.4$$
$$G_2 = 28.361, \quad G_2' = 28.4$$
$$G_3 = 28.35, \quad G_3' = 28.4$$
$$G_4 = 28.450, \quad G_4' = 28.4$$
$$G_5 = 28.354, \quad G_5' = 28.4$$

### 1.4.3　数据处理的基本方法

任何客观事物的运动和变化都与其周围事物发生联系和影响，反映到数学问题上即变量和变量之间的相互关系，回归分析就是一种研究变量与变量之间关系的数学处理方法。

在处理实际问题时，要找出事物之间的确切关系有时比较困难，造成这种情况的原因极其复杂，影响因素很多，其中包括尚未被发现的或者还不能控制的影响因素，而且测量过程存在测量误差，因此所有这些因素的综合作用就造成了变量之间关系的不确定性。回归分析时应用数学方法，对这些数据去粗取精、去伪存真，从而得到反映事物内部规律的数据方法。概况来说，回归分析主要解决以下几个方面的问题。

（1）确定几个特定的变量之间是否存在相关关系，如果存在，则找出它们之间的数学表达式。

（2）根据一个或几个变量的值，预测或控制另一个变量的取值，并绘出其精度。

（3）进行因素分析，找出主要影响因素和次要影响因素，以及这些因素之间的相关程度。

回归分析目前在试验的数据处理、寻找经验公式、因素分析等方面有着广泛的用途，材料力学研究线弹性小变形杆的力学问题。它的理论多数是线性的，各主要变量间的函数关系多为线性关系。首先讨论最小二乘线性拟合的方法。

1. 最小二乘原理

假设 $x$ 和 $y$ 是具有某种相关关系的物理量，它们之间的关系可用下式表达

$$y = f(x, c_1, c_2, \cdots, c_n) \tag{1-3}$$

式中：$c_1, c_2, \cdots, c_n$ 为 $n$ 个待定常数，曲线的具体形状是未定的。为求得具体曲线，可同时测定 $x$ 和 $y$ 的数值。

设 $x$、$y$ 关系的最佳形式为

$$\hat{y} = f(x, \hat{c}_1, \hat{c}_2, \cdots, \hat{c}_n) \tag{1-4}$$

式中 $\hat{c}_1, \hat{c}_2, \cdots, \hat{c}_n$ 为 $c_1, c_2, \cdots, c_n$ 的最佳估计值。如果不存在测量误差，各测值应在曲线方程式（1-3）上，由于存在测量误差，总有

$$e_i = y_i - \hat{y}_i, \quad i = 1, 2, \cdots, m \tag{1-5}$$

通常称 $e_i$ 为残差，它是误差的实测值。如果实测值中有较多的 $y$ 值落在曲线方程式（1-4）上，则所得曲线就能较为满意地反映被测物理量之间的关系。

如果误差服从正态分布，则概率 $P(e_1, e_2, \cdots, e_n)$ 为

$$P(e_1, e_2, \cdots, e_n) = \frac{1}{\sigma \sqrt{2\pi}} \exp\left[ -\sum_{i=1}^{m} \frac{(\hat{y}_i - y_i)^2}{2\sigma^2} \right] \tag{1-6}$$

当 $P(e_1, e_2, \cdots, e_n)$ 最大时，求得的曲线就应当是最佳形式。显然，此时下式应最小：

$$S = \sum_{i=1}^{m} (y_i - \hat{y}_i)^2 = \sum_{i=1}^{m} e_i^2 \tag{1-7}$$

即残差平方和最小，这就是最小二乘法的由来，同时式（1-8）成立：

$$\frac{\partial S}{\partial \hat{c}_1} = 0, \ \frac{\partial S}{\partial \hat{c}_2} = 0, \ \cdots, \ \frac{\partial S}{\partial \hat{c}_n} = 0 \tag{1-8}$$

即要求求解如下联立方程组：

$$\sum_{i=1}^{m} \left[ y_1 - f(x_1, \hat{c}_1, \hat{c}_2, \cdots, \hat{c}_n) \right] \left( \frac{\partial f}{\partial \hat{c}_1} \right) = 0$$

$$\sum_{i=1}^{m} \left[ y_2 - f(x_2, \hat{c}_1, \hat{c}_2, \cdots, \hat{c}_n) \right] \left( \frac{\partial f}{\partial \hat{c}_2} \right) = 0$$

$$\cdots\cdots\cdots$$

$$\sum_{i=1}^{m} \left[ y_m - f(x_m, \hat{c}_1, \hat{c}_2, \cdots, \hat{c}_n) \right] \left( \frac{\partial f}{\partial \hat{c}_n} \right) = 0$$

该方程组称为正规方程，解该方程组可得未定常数，通常称为最小二乘解。

2. 直线回归分析

直线回归相关关系可表示为

$$\hat{y} = a + bx \tag{1-9}$$

直线的斜率 $b$ 称为回归系数，它表示为当 $x$ 增加一个单位时，$y$ 平均增加的数量。直线回归的残差可写为

$$e_i = y_i - \hat{y}_i = y_i - (a + bx) \tag{1-10}$$

其平方和为

$$S = \sum_{i=1}^{m} e_i^2 = \sum_{i=1}^{m} [y_i - (a + bx_i)]^2 \tag{1-11}$$

平方和最小，即

$$\left.\begin{array}{l} \dfrac{\partial S}{\partial a} = -2 \sum_{i=1}^{m} (y_i - a - bx_i) = 0 \\[3mm] \dfrac{\partial S}{\partial b} = -2 \sum_{i=1}^{m} x_i(y_i - a - bx_i) = 0 \end{array}\right\} \tag{1-12}$$

则正规方程为

$$am + b \sum_{i=1}^{m} x_i = \sum_{i=1}^{m} y_i$$

该式也可表示为

$$a \sum_{i=1}^{m} x_i + b \sum_{i=1}^{m} x_i^2 = \sum_{i=1}^{m} x_i y_i \tag{1-13}$$

令平均值为

$$\bar{x} = \sum_{i=1}^{m} \frac{x_i}{m} \tag{1-14}$$

$$\bar{y} = \sum_{i=1}^{m} \frac{y_i}{m}$$

则由式（1-9）可得

$$a + b \bar{x} = \bar{y}$$

整理得到

$$a = \bar{y} - b \bar{x} \tag{1-15}$$

同样，从式（1-13）可得

$$b = \frac{\sum_{i=1}^{m} x_i y_i - \dfrac{1}{m} (\sum_{i=1}^{m} x_i)(\sum_{i=1}^{m} y_i)}{\sum_{i=1}^{m} x_i^2 - \dfrac{1}{m} (\sum_{i=1}^{m} x_i)^2} = \frac{\sum_{i=1}^{m} (x_i - \bar{x})(y_i - \bar{y})}{\sum_{i=1}^{m} (x_i - \bar{x})^2} \tag{1-16}$$

由于式（1-15）和式（1-16）中所有的量都是试验数据，因此可得回归直线方程式中的常数 $a$ 及回归系数 $b$。

3. 非线性拟合

在研究对某些金属材料的应力应变关系的测试数据的处理等问题时，经常采用幂函数、指数函数等非线性函数进行拟合。这时将得到非线性方程组，这里简单介绍指数函数拟合。设观测值为 $\{(x_i, y_i) \mid i = 1, 2, \cdots, n\}$，选取

$$y = a_0 e^{a_1 x} \tag{1-17}$$

即

$$\ln y = \ln a_0 + a_1 x \tag{1-18}$$

记 $Y = \ln y$，$A_0 = \ln a_0$，原问题仍可以按线性拟合中的公式来计算。

运用曲线拟合技术应该注意以下两点：

（1）对原始数据要严格分析筛选。不可将含有很大过失误差的数据混入拟合点列，因为这将严重歪曲实验曲线。

（2）拟合时，除精心选择拟合函数形式（这是拟合成功与否的前提）之外，合理选择待定参数的数量和形式，从滤除测量误差的干扰和避免数值计算中的误差积累的角度看，并非待定参数选用越多越有利。尤其当原始数据精确度不高时，切忌这样选择。

对于一般的非线性最小二乘拟合问题，也可以通过分析将不易求解的非线性方程组转化为易于求解的形式。也可借助于几何作图、级数展开、数值近似计算等方法进行处理。

随办公软件的发展，数据筛选后，可以直接应用 Excel 试验数据处理程序进行指数函数、幂函数、线性函数、多项式等拟合。

## 1.5  实验结果的表示方法

在实验中除需对测得的数据进行整理并计算实验结果外，一般还要采取图表或曲线来表达实验成果。实验曲线应绘在坐标纸上。图中应注明坐标轴所代表的物理量和比例尺。

通过实验观测、采集、记录到需要的原始数据，经过分析处理，得到直接测量的测量值及其误差范围，再经过分析、计算，求得间接测量的测试结果和测量精度。事实上，在实测之前就要根据测试结果的精确度的要求，制定实验测试方案、测试线路和程序，进行设备仪器的选配。并事先设计好相应的原始数据的记录、分析表格，以便既不遗漏，又不重复地采集、记录原始数据，使整个数据处理、分析计算过程思维清晰、流畅高效，为最终完成实验报告打好基础。实测结束并得到最终测量结果之后，为了清晰、准确、简明、直观地将这些结果表达出来，也应该认真地选择有效的表示方法和表达形式，以便于查阅、交流和工程应用。常见的方法有表格法、图示法和解析法。

1. 表格法

表格法就是将测量的结果，通过直接列表的方法表示出来。表格法的优点是简单、明了，可以直接读取数据、估计误差；便于对数据进行简单的加减、积分等运算处理；便于对记录的数据进行直观对比。但是表格法无法直接得出数值的变化趋势，必须经过简单计算或详细比较才能得到。

2. 图示法

图示法就是把所测结果直接在坐标系中用函数关系图线表示出来。这种方法能够更形象、直观反映所测各变量之间增减性、周期性、凹凸性、拐点、极值点等；便于寻找各参数之间的变化规律，发现物理量之间的相互联系，确定各参数间准确的数学关系，还可揭示各参数间内在机理。但是图示法仅对建立两个变量之间的函数关系方法简单可行，反映两个以上参数的函数关系有一定难度；还有数值采集时要靠几何量度量，其精度通常不易保证，因而，这种方法一般常用于定性描述，不宜用来表示精度要求较高的函数关系。

3. 解析法

解析法就是将测量的结果，通过函数解析表达式的方法表示出来。解析法最大的优点就是所测各参数间物理关系表达明确，便于分析、计算，也可以从理论上进行深入的研究；可以解决多变量同时存在的情况，建立多参数间的数学关系。但是解析式的函数关系的选择，必须具备扎实的数学基础，能够对各参数进行相应的数学计算，对所表示的函数关系有较清晰的认识后才能建立各参数间恰当的函数关系。

解析表达式的选择方法较多，可以直接由经验，也可以由数学方法来确定。目前使用较多的是插值法（如多项式插值）、观测值曲线拟合法、分段样条函数法等。最为常用的方法应首推采用最小二乘原理寻求多数据最佳逼近解析式的曲线拟合法。当连接各坐标点为曲线时，不要用直线逐点连成折线，应当根据多数点的所在位置，描绘出光滑的曲线，或用最小二乘法进行计算，选出最佳曲线。

# 第2章

# 拉伸（压缩）实验

## 2.1 拉伸实验

### 2.1.1 实验目的

（1）确定低碳钢的流动极限（屈服极限）$\sigma_s$、强度极限 $\sigma_b$、延伸率 $\delta$ 和断面收缩率 $\psi$。

（2）确定铸铁的强度极限 $\sigma_b$。

（3）观察拉伸过程中的各种现象（包括屈服、强化和颈缩等现象），并利用自动绘图装置绘制拉伸图（$F-\Delta l$ 曲线）。

（4）比较低碳钢（塑性材料）与铸铁（脆性材料）拉伸时的机械性质。

### 2.1.2 实验设备

（1）WE-600 kN 液压式万能材料试验机；WE-300 kN 液压式万能材料试验机；WE-1000B 数显液压式万能试验机。

（2）游标卡尺。

1. WE-600 kN 液压式万能材料试验机

在材料的力学实验中，最常用的实验仪器是万能材料试验机。它可以做拉伸、压缩、剪切和弯曲等试验，故习惯上称它为材料万能试验机。万能试验机有许多类型，下面对实验室常用的类型介绍如下。

WE-600 kN 液压式万能材料试验机的外形如图 2-1 所示，它的构造原理示意图如图 2-2 所示。

WE-600 kN 液压式万能材料试验机是机械手动操作的试验机，诞生时间较早，主要包括

图 2-1　WE-600 kN 液压式万能
材料试验机的外形

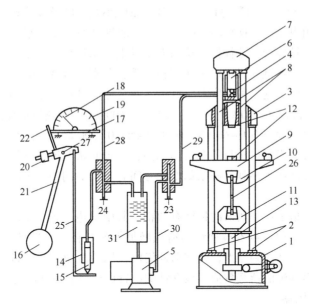

图 2-2　WE-600 kN 液压式万能材料试验机构造原理示意图

1—底座；2—固定立柱；3—固定横梁；4—工作油缸；5—油泵；6—工作活塞；
7—上横梁；8—活动立柱；9—活动平台；10—上夹头；11—下夹头；
12—上承压板、下承压板；13—螺杆；14—测力油缸；15—测力活塞；16—摆锤；
17—齿杆；18—指针；19—测力度盘；20—平衡铊；21—摆杆；22—推杆；
23—送油阀；24—回油阀；25—拉杆；26—试件；27—支点；
28，29，30—油管；31—油箱

以下部分。

1）加力部分

在试验机的底座上，装有两根固定立柱 2，固定立柱支承着固定横梁 3 及工作油缸 4，当开动油泵电动机后，电动机带动油泵 5，将油箱里的油经送油阀 23，送至工作油缸 4 中，推动其工作活塞 6，使上横梁 7、活动立柱 8 和活动平台 9 向上移动，如将拉伸试样装于上夹头 10 和下夹头 11 内，当活动平台向上移动时，因下夹头不动，而上夹头随着平台向上移动，则试样受到拉伸；如将试样装于平台的上、下承压板 12 内，平台上升时，则试样受到压缩。

做拉伸实验时，为了适应不同长度的试样，可开动下夹头的电动机使之带动蜗杆、蜗杆带动蜗轮、蜗轮再带动拉杆，可控制下夹头上下移动，调整适当的拉伸空间。

2）测力部分

测力部分装在试验机上的试样受力后，它的受力大小，可在测力度盘上直接读出。试样受了荷载的作用，工作油缸内的油就具有一定压力。这个压力的大小与试样所受荷载的大小成比例。而测力油管就受到与工作油缸相等的油压。此油压推动测力活塞 15，带动测力拉杆，使摆杆 21 和摆锤 16 绕支点转动。试样受力越大，摆的转角也越大。摆杆转动时，它上面的推杆便推动水平齿杆 17，从而使齿轮带动测力指针旋转，这样便可从测力度盘上读出试样受力的大小。摆锤的重量也可以调换，一般试验机可以更换三种锤重，分别标有 A、B、C，故测力度盘也相应有三种刻度，这三种刻度对应着机器的三种不同的量程。WE-600 kN 液压式万能材料试验机有 0~120 kN、0~300 kN、0~600 kN 三种测量量程；WE-300 kN 液压式万能材料试验机有 0~60 kN、0~150 kN、0~300 kN 三种测量量程。

测力计的负荷指示机构封闭在玻璃罩内，三种测量范围制在同一度盘上，从外观可以清楚准确地观察到每两条刻度线之间有足够的间隙，可以估读每小格的 1/5。

指示度盘上指示荷载数值的指针有两根，其中里边一根为主动针，另一根为被动针。试验时主动针带着被动针随荷载增加做顺时针方向转动，当试验终了，卸掉荷载后，主动针回到零点，而被动针仍留在原荷载值的地方以便试验人员有足够的时间读出准确的荷载数值。被动针的位置可用玻璃罩外面的手把调节。

3）自动描图器

自动描图器装在测力计右上方，由记录笔、导轨架及描绘筒等组成。在实验过程中，拉伸图（$F$-$\Delta l$ 曲线）可以自动地描绘在绘图纸上。根据实验者的需要，可将线缠在绘图筒的大、中或小的沟槽内，绘出图的比例为 1∶1，2∶1，4∶1。应该指出，在精确测定变形曲线时，所绘图的精确性是不够的，所以这个图只能是定性地观察材料的某些性质。

4）操作步骤

（1）加载前，测力指针（主动针）应指在度盘的零点，否则必须调整。调整时，先开动油泵电动机，将活动平台（工作油缸）上升 5~10 mm，再转动水平齿条使主动针对准零点。之所以先升起活动平台再调整零点的原因是，由于上横梁、活动主柱 8 和活动平台等有相当大的质量，要有一定的油压才能将它升起，但是这部分油压并未用来给试样加载，不应反映到试样荷载的读数中去。若未升高 5~10 mm 时就将指针调零，这时试样所加荷载并未真正从零开始。

（2）选择量程：装上相应的锤重。再一次按方法（1），校核零点。调好回油缓冲器的旋钮，使之与所选的量程相同。

（3）安装试样。压缩试样必须放置垫板，在实验过程中严禁爬上去观察变形情况，这样做的目的是以防试样破坏时飞出去的铁片伤人致残。拉伸试样则必须调整下夹头位置，使拉伸区间与试样长度相适应。注意：试样夹紧后，绝对不允许再调整下夹头（即使下夹头下降），否则会造成烧毁下夹头电动机的严重事故。

（4）调整好自动绘图器的传动装置、绘图笔和纸等。

（5）检查送油阀和回油阀，一定要注意它们均应在关闭位置。

（6）开动油泵电动机，缓缓打开送油阀，用慢速均匀加载，直至试样破坏，注意读取相应的数据。

（7）实验完毕，立即停机取下试样，这时先关闭送油阀，缓慢打开回油阀，使油液泄回油箱，于是活动平台回到原始位置。最后将一切机构复原，并清理机器。

5）注意事项

（1）开机前和停机后，送油阀和回油阀一定要在关闭位置。加载、卸载和回油均应缓慢进行。加载时要求指针匀速平稳地走动，应严防送油阀开得过大，测力指针走得太快，致使试样受到冲击作用。

（2）拉伸试样夹住后，不得再调整下夹头的位置，以免将带动下夹头升降的电动机烧坏。

（3）万能机运转时，操作者必须注意力集中，中途不得离开，以免发生安全事故。

（4）实验时不准触动摆锤，以免影响实验读数。

（5）在使用万能机的过程中，如听到异声或发生任何故障应立即停机（切断电源），报告指导教师进行检查和修复。

2. WE-300 kN 液压式万能材料试验机

WE-300 kN 液压式万能材料试验机外形如图 2-3 所示。

WE-300 kN 与 WE-600 kN 液压式万能材料试验机的工作原理、液压传动系统等基本相同。不同之处是将后者的送油阀和回油阀改为控制阀，如图 2-4 所示。下面简要介绍控制阀。

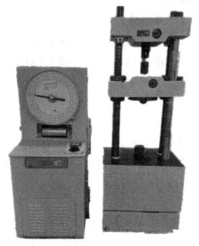

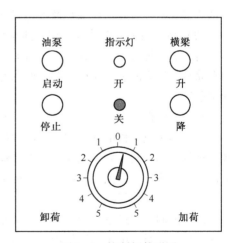

图 2-3　WE-300 kN 液压式万能材料
　　　试验机外形

图 2-4　控制阀外形图

加载速度控制旋钮的轴通向两套万向轴和位于油箱盖上的控制阀相接，将旋钮向"加荷"方向旋转，则从泵输送到油缸的油量逐渐增加，并迫使活塞升高。数字越大表明所送（卸）的速度越快。旋钮向"卸荷"方向旋转时，输入油缸的油量逐渐减少到零，并使油缸中的油流回到油箱中。操作步骤以及注意事项同前，这里不再叙述。

### 3. WE-1000B数显液压式万能试验机

1) 主体部分

两根支柱用螺帽固定在机座上，其上端固定于上横梁上，另外两根立柱分别固定在中横梁和工作台面上，此两根立柱支持一个试样装夹空间，便于拉、压、弯等试验。当油泵输出的油液使工作活塞上升时，试验台随即上升，试验台托起两根立柱和上横梁一起上升，上横梁和中横梁上分别有上钳口和下钳口，中间横梁的上升和下降主要靠两根立柱的螺杆转动来升降。由丝杆转动带动横梁上下移动，升降控制按钮上有"上""下"字样。

油缸及活塞是主体的主要部分，它们的接触表面经过精密加工，并保持一定的配合间隙和适当的油膜，使活塞能自由移动而将摩擦减少到最低限度，当油泵打来的高压油进入油缸后，托着活塞连同横梁及试验台等上升时，使负荷逐渐作用在试件上。因此在使用时，应特别注意油的清洁，不使油内含有的杂质、铁屑等随油通过油泵、油阀、油管等进入油缸内，损坏油缸及活塞接触表面的粗糙度，而影响试验结果的准确性。

2) 测力计部分

(1) 组成结构。本试验机由软件测力部分、传感器、高压油泵及操作部分等组成。所以它是一个综合的机构，这些机构全部被封闭在简单、平滑、美观的钢铁外壳内，外壳各面必要处设有活动门，打开时能清楚地看到内部机构以便进行个别调整及修理，并可使轴承及各精确部分经常保持清洁良好的工作条件。

(2) 高压油泵与电动机。高压油泵与它所用的电动机用法兰连接在油箱盖板上，高压油泵是采用柱塞式油泵，由七套活塞组成的轴向柱塞泵，油泵内的活塞和套筒具有较高的表面粗糙度和良好的配合，保证了产生高压的可能性和最小的油量漏泄。

3) 操作部分

高压油泵电动机的开停按钮、电源按钮及指示灯装在测力计台面板上，送油阀也称压力调节阀，利用此阀可使油泵输出的油送到试验机油缸内，同时可控制负荷增减的速度，回油阀可卸除负荷使工作油缸内的油回到油箱内。

4) 液压传动系统

油箱内的油经过滤油网被吸入油泵后，经油泵的输油管送到送油阀内，当送油手轮关闭时，由于油压作用而将活塞推开，油从回油管流回油箱，当送油手轮打开时，则油液经油管进入工作油缸内，再通过压力油管经过回油阀流回油箱。

5) 试验机使用操作方法

(1) 送油阀及回油阀操作。送油阀在升起试验台时可以开得大些，使试验台以最快的速度上升，减少试验的辅助时间。当试样加荷时应注意操纵，必须根据试样规格的加荷速度进行调节，不应升得过快，使试样受到冲击，也不应无故关闭，使试样所受负荷突然下降，因而影响试验数据的准确性。在做特殊规格的屈服点或其他特殊试验的情况下，负荷需要反复增减时，也需平稳地操作。

回油阀在试样加荷时，必须将其关紧，不许有油漏回。在试样断裂后，应先关闭送油阀，然后慢慢打开回油阀，卸除负荷并使试验机活塞回落到原来位置，使油回到油箱，应注意：送油阀手轮不要拧得过紧，以免损坏油针的尖端，回油阀手轮必须拧紧，因油针尖端有较大的钝角，所以不易损伤。

（2）试样装夹。作拉伸试样时，先开动油泵拧开送油阀，使工作活塞升起约5 mm，然后关闭送油阀，将试样一端夹于上钳口，测力仪清零，再调整下钳口，夹持试样下端，即可开始试验，夹持试样时，应按钳口所刻的尺寸范围夹持试样。试样应该夹在钳口的全长上，两块钳口位置必须一致，并对准中央加以充分固定。

为避免钳口及钳口座活动时，在滑动面上啃住或咬死，可用一种石墨与黄油的混合物作润滑剂。试验机附油特殊夹持装备时按另外规定的说明进行操作。

（3）智能测力仪使用。

①按键功能说明：本仪器共用 24 个按键。

a. 9 个数字键（0~9）：用于输入数字信息。

b. 菜单：用于进入各项功能的选择。

c. 力值清零：用于显示力值的清零。

d. 位移清零：用于显示位移的清零。

e. 复位：用于回到待机状态。

f. 打印：待机状态为走纸，其他状态为强制打印数据。

g. 删除：用于清除输入的数字。

h. ▼，▲：用于查询时翻页。

②时钟调整。在待机状态下，如图 2-5 所示，用户如发现日期或时间不正确时，可对时间进行调整。方法如下。

a. 按"菜单"键进入操作功能选择状态，如图 2-5 所示。

b. 输入"8"后按"确认"键进入时钟设置界面，如图 2-6 所示。

```
┌─────────────────────────────┐
│     请选择操作类型：□         │
│ (1) 抗压抗折试验  (2) 抗拉试验 │
│ (3) 力值检定      (4) 位移检定 │
│ (5) 力值标定      (5) 位移标定 │
│ (7) 数据查询      (7) 时钟设定 │
│ (9) 系统信息      (9) 返回     │
│                               │
│                    08:10:31   │
│ 软件版本：V5.00(0600 kN)  2007:03:01 │
└─────────────────────────────┘
```

图 2-5　时钟的待机状态

```
┌─────────────────────────────┐
│          时钟设定             │
│                               │
│  2007年03月01日08时10分31秒   │
│                               │
│                    08:10:31   │
│ 软件版本：V5.00(0600 kN)  2007:03:01 │
└─────────────────────────────┘
```

图 2-6　时钟设置界面

c. 依次输入正确的"年份"后按"确认"键，再输入正确的"月份"按"确认"键，以此类推完成整个日期的时间设定，设定完成后自动回到图 2-5 所示的待机界面。

③抗拉试验操作。

a. 按"菜单"键，液晶屏进入操作功能选择状态，如图 2-5 所示，输入"2"选择"抗拉试验"，按"确认"键进入图 2-7 界面。

b. 输入相应的序号以及试件的型号后，按"确认"键进入试验状态，如图 2-8 所示。

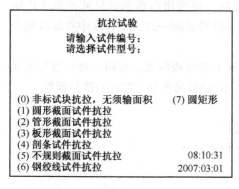

| 图 2-7　"抗拉试验"界面 | 图 2-8　试验状态 |

c. 夹好试件，开启压力机，当油缸缓缓上升时，按"清零"键清除皮重。关闭回油阀，打开送油阀，按一定加荷速率进行加载直至试件破坏。关闭送油阀，打开回油阀进行卸载。

④抗拉试件检测结果数据查询。

编号查询方式：

a. 按"菜单"键进入操作功能选择状态，如图 2-5 所示。

b. 输入"2"选择"抗拉数据查询"，并按"确认"键，出现图 2-9 所示的查询界面。

c. 输入"1"，选择编号查询方式，并按"确认"键，出现图 2-10 所示的查询结果，然后选择要查询试件的编号和型号后按"确认"键，出现图 2-11 所示界面，如果有此记录则显示图 2-12 所示的查询结果，如果没有则显示"未查询到记录"。

日期查询方式：

a. 按"菜单"键进入操作功能选择状态，如图 2-5 所示，输入"7"选择"数据查询"按"确认"键进入图 2-9 界面。

b. 输入"1"选择抗拉数据查询，并按"确认"出现图 2-11 所示界面。

c. 输入"2"选择编日期查询方式，并按"确认"出现图 2-12 所示界面，然后选择要查询试件的试验日期按"确认"键，如果有此记录则显示图 2-12 所示界面，如果没有则显示"未查询到记录"。

```
         抗拉数据查询
请选择查询方式：(1) 按编号 (2) 按日期




                          08:10:31
软件版本：V5.00(0600 kN)   2007:03:01
```

图 2-9　"抗拉数据查询"界面

```
         抗拉数据查询
请选择查询方式：1(1)按编号 (2)按日期
请输入试件编号：000004 试件型号：1

(0) 非标试块抗拉，无须输面积    (7) 圆矩形
(1) 圆形截面试件抗拉
(2) 管形截面试件抗拉
(3) 板形截面试件抗拉
(4) 剖条试件抗拉
(5) 不规则截面试件抗拉
(6) 钢绞线试件抗拉
                          08:10:31
                          2007:03:01
```

图 2-10　"抗拉数据查询"结果

```
         抗拉数据查询
请选择查询方式：2 (1) 按编号 (2) 按日期
请选择试验日期：000000(YYMMDD格式)




                          08:10:31
软件版本：V1.00(0600 kN)   2007:03:01
```

图 2-11　输入"编号"和"型号"后界面

```
         抗拉数据查询
试件编号：000001        试件类型：圆材
  F(0120 kN)                  FeH(kN):
                             FeL(kN):
                              Fm(kN):
                             ΔLm(mm):
                              Lm(mm):
                            ReH(MPa):
                            ReL(MPa):
                             Rm(MPa):
                            So(mm²):
                             08:10:31
       t(160 s)             2007:03:01
```

图 2-12　有查询记录的界面

### 2.1.3　实验试件

　　试件的尺寸和形状对实验结果会有影响。为了避免这种影响，以便于各种材料机械性质的相互比较，国家对试件的尺寸和形状有统一规定，中华人民共和国国家标准《金属材料拉伸试验　第 1 部分：室温试验方法》（GB/T 228.1—2010）。标准试件有圆形和矩形两种类型，如图 2-13 所示。试件上标记 $A$，$B$ 两点之间的距离称为标距，记作 $l_0$。圆形试件标距 $l_0$ 与直径 $d_0$ 有两种比例，即 $l_0 = 10d_0$ 和 $l_0 = 5d_0$。矩形试件也有两种标准，即 $l_0 = 11.3\sqrt{A_0}$ 和 $l_0 = 5.65\sqrt{A_0}$，其中 $A_0$ 为矩形试件的截面面积。

图 2-13　拉伸试件

### 2.1.4 低碳钢拉伸力学性能

材料的机械性质 $\sigma_s$，$\sigma_b$，$\delta$ 和 $\psi$ 是由拉伸破坏实验确定的。

低碳钢是指含碳量在 0.3% 以下的碳素钢，是工程中使用最广泛的金属材料，同时它在常温静载条件下表现出来的力学性质也最具代表性。

将低碳钢标准试件装在试验机上，对试件缓慢加拉力 $F_P$，直到拉断为止。不同载荷 $F_P$ 与试件标距内的绝对伸长量 $\Delta l_0$ 之间的关系，可通过试验机上的自动绘图仪绘出相应的关系曲线，称为拉伸图或 $F_P$-$\Delta l$ 曲线，如图 2-14（a）所示。由于 $F_P$-$\Delta l$ 曲线与试件的尺寸有关，为了消除试件尺寸的影响，把拉力 $F_P$ 除以试件横截面的原始面积 $A_0$，得出正应力 $\sigma = \dfrac{F_P}{A_0}$ 为纵坐标；把伸长量 $\Delta l$ 除以标距的原始长度 $l_0$，得出应变 $\varepsilon = \dfrac{\Delta l}{l_0}$ 为横坐标，作图表示 $\sigma$ 与 $\varepsilon$ 的关系 ［图 2-14（b）］ 称为应力—应变曲线或 $\sigma$-$\varepsilon$ 曲线。

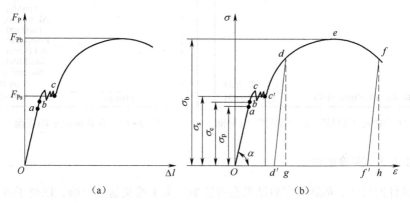

图 2-14 低碳钢拉伸曲线

从应力—应变曲线可以了解低碳钢拉伸时的力学性能。低碳钢拉伸试验的整个过程，大致可分为以下四个阶段。

1. 弹性阶段

在拉伸的初始阶段，曲线是由斜直线 $Oa$ 和很短的微弯曲线 $ab$ 组成的。斜直线 $Oa$ 表示应力和应变成正比关系，即 $\sigma \propto \varepsilon$，直线的斜率即为材料的弹性模量 $E$，写成等式 $\sigma = E\varepsilon$，就是拉伸或压缩的胡克定律。与 $a$ 点对应的应力 $\sigma_p$ 称为比例极限。显然，只有应力低于比例极限时，应力才与应变成正比，材料才服从胡克定律。这时，材料是线弹性的。

对于微弯曲线段 $ab$，应力和应变之间不再服从线性关系，但解除拉力后变形仍可完全消失，这种变形称为弹性变形，$b$ 点对应的应力 $\sigma_e$ 是材料只出现弹性变形的极限值，称为弹性极限。由于 $ab$ 阶段很短，$\sigma_e$ 和 $\sigma_p$ 相差很小，通常并不严格区分。

在应力大于弹性极限后，如再解除拉力，则试件产生的变形有一部分消失，这就是上面提到的弹性变形。但还遗留下一部分不能消失的变形，这种变形称为塑性变形或残余变形。

2. 屈服（流动）阶段

当应力超过 $b$ 点增加到 $c$ 点之后，应变有非常明显的增加，而应力先是下降，然后做微小的波动，在 $\sigma$-$\varepsilon$ 曲线上出现接近水平线的小锯齿形线段。这种应力基本保持不变，而应变显著增加的现象，称为屈服或流动。在屈服阶段内的最高应力（$c$ 点）和最低应力（$c'$ 点）分别称为上屈服极限和下屈服极限。上屈服极限的数值与试件形状、加载速度等因素有关，一般是不稳定的。下屈服极限则相对较为稳定，能够反映材料的性质，通常就把下屈服极限称为屈服极限或屈服点，用 $\sigma_s$ 来表示。

对于粗糙度值很低的表面光滑试件，屈服之后在试件表面上隐约可见与轴线成 45°的条纹，是由材料沿试件的最大切应力面发生滑移而引起的，称为滑移线。

材料屈服表现为显著的永久变形或塑性变形，而零件的塑性变形将影响机器的正常工作，所以屈服极限 $\sigma_s$ 是衡量材料强度的重要指标。

3. 强化阶段

经过屈服阶段后，材料又恢复了抵抗变形的能力，要使它继续变形必须增加拉力。这种现象称为材料的强化。在图 2-14（b）中，强化阶段中的最高点 $e$ 所对应的应力 $\sigma_b$ 是材料所能承受的最大应力，称为强度极限或抗拉强度。它是衡量材料强度的另一个重要指标。在强化阶段，试件标距长度明显地变长，直径明显地缩小。

4. 局部变形阶段

过 $e$ 点之后，进入局部变形阶段，试件局部出现显著变细的现象，即颈缩现象（图 2-15）。由于在颈缩部位横截面面积迅速减小，使试件继续伸长所需要的拉力也相应减少。在 $\sigma$-$\varepsilon$ 图中，用横截面原始面积 $A$ 算出的应力 $\sigma = F_p/A$ 随之下降，直到 $f$ 点，试件被拉断。

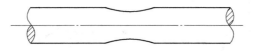

图 2-15　颈缩现象

5. 延伸率和断面收缩率

试件拉断后，由于保留了塑性变形，试件加载前的标距长度 $l_0$ 拉断后变为 $l_1$。残余变形 $\Delta l_0$ 与标距原长 $l_0$ 之比的百分数称为延伸率，用 $\delta$ 表示，即

$$\delta = \frac{l_1 - l_0}{l_0} \times 100\% \tag{2-1}$$

试件的塑性变形（$l_1 - l_0$）越大，$\delta$ 也就越大。因此，延伸率是衡量材料塑性的指标。低碳钢的延伸率很高，其平均值为 20%～30%，这说明低碳钢的塑性性

能很好。

工程上通常按延伸率的大小把材料分成两大类，$\delta>5\%$ 的材料称为塑性材料，如碳钢、黄铜、铝合金等；而把 $\delta<5\%$ 的材料称为脆性材料，如铸铁、玻璃、陶瓷等。

衡量材料塑性的另一个指标为断面收缩率 $\psi$，其定义为拉断后试件横截面面积的最大缩减量（$A_0-A_1$）与原始横截面积为 $A_0$ 之比的百分率，即

$$\psi = \frac{A_0 - A_1}{A_0} \times 100\% \tag{2-2}$$

$\psi$ 也是衡量材料塑性的指标。

产生局部收缩的材料如图 2-16（a）所示，若将其标点距离适当地等分刻度，则试件标点距离内的伸长分布如图 2-16（b）所示。上述延伸率为各刻度之间延伸率的平均值，而不是最大的延伸率。

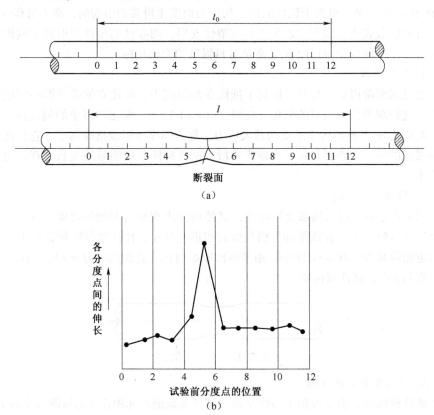

图 2-16 局部收缩和伸长

由于延伸率依据标点距离的长度而有所不同，所以在比较材料的延展性时，必须要相同形状和尺寸的试件。若考虑把试件的全部伸长分为均匀伸长和局部伸长，则如图 2-17 所示，总伸长＝均匀伸长+局部伸长。若考虑均匀伸长与试件长

度成比例，局部伸长与直径成比例，则延伸率可表示如下：

$$\delta(\%) = a \frac{\sqrt{A_0}}{l_0} + b \qquad (2-3)$$

式中：$a$，$b$ 为材料常数，用以比较任意长度试件的延伸率。

6. 卸载定律和冷作硬化现象

在试验过程中，如果不是持续将试件拉断，而是加载至超过屈服极限后如达到图 2-14（b）中的 $d$ 点，然后逐渐卸除拉力，应力—应变关系将沿着斜直线 $dd'$ 回到 $d'$ 点，斜直线 $dd'$ 近似地平行于 $Oa$。这说明：在卸载过

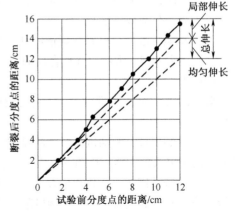

图 2-17　均匀伸长和局部伸长

程中，应力和应变按直线规律变化，这就是卸载定律。拉力完全卸除后，应力—应变图中，$d'g$ 表示消失了的弹性变形，而 $Od'$ 表示保留下来的塑性变形。

卸载后，如在短期内再次加载，则应力和应变又重新沿着卸载直线 $dd'$ 上升，直到 $d$ 点后，又沿曲线 $def$ 变化。可见在再次加载时，直到 $d$ 点以前材料的变形是弹性的，过 $d$ 点后才开始出现塑性变形。比较图 2-14（b）中的 $Oabcc'def$ 和 $d'def$ 两条曲线，可见在第二次加载时，其比例极限（弹性阶段）得到了提高，但塑性变形和延伸率却有所降低。这种现象称为冷作硬化。

工程上经常利用冷作硬化来提高材料的弹性阶段。如起重机用的钢索和建筑用的钢筋，常用冷拔工艺以提高强度。又如对某些零件进行喷丸处理，使其表面发生塑性变形，形成冷硬层，以提高零件表面层的强度。但冷作硬化也像世间一切事物一样无不具有两重性，其有利之处将在工程中得到广泛应用，不利之处是由于冷作硬化使材料变硬变脆，给塑性加工带来困难，且容易产生裂纹，往往需要在工序之间安排退火，以消除冷作硬化带来的影响。

试件拉伸达到最大荷载 $F_b$ 之前，在标距范围内的变形可认为是均匀的，从最大荷载开始到产生局部伸长和颈缩。细颈出现后，横截面面积迅速减小，故继续拉伸所需的荷载也逐步变小，直至 $e$ 点断裂为止。最初在试件加载时，测定指针（又称主动针）随荷载的增加向前移动。同时，它还推动另外一根指针（称为副针）前进。而副针则停留在荷载最大值的刻度上，副针给出的读数即为最大破坏荷载 $F_b$。

### 2.1.5　实验步骤

（1）试件准备：一般采用的是低碳钢试件，为了便于观察变形沿轴向的分布情况，用画线机在试件标距 $l$ 范围内每隔 10 mm 画一圆周线，将标距分成 10 段。

用游标卡尺测量标距两端及中部三个断面处的直径，并在每一横截面的互垂

方向各测一次，取平均值，用所得三个平均数据中的最小值计算试件的横截面面积 $A_0$（$A_0$ 取三位有效数字）。

（2）试验机准备：根据低碳钢的强度极限 $\sigma_b$ 和横截面面积 $A_0$ 估算试件的最大荷载。由最大荷载的大小，选择合适的测力度盘，并配置相应的摆锤，使其与所选用的测力度盘符合。

调整测力指针，对准"零"点，并使副针与之靠拢，同时调整好自动绘图仪。

（3）安装试件：开动试验机，将试验台升高 5~10 mm 后，再将试件安装在试验机的上夹头内，然后移动下夹头使其达到适当位置，并将试件下端夹紧。

（4）检查及试车。请教师检查以上步骤的完成情况，然后开动试验机，预加少量荷载（对应的应力不超过比例极限）后，卸载回"零"点，以检查试验机工作是否正常。

（5）进行实验。开动试验机并缓慢匀速加载，注意观察测力指针的转动，自动绘图仪的镜框和相应的实验现象。当测力指针不动或倒退时，说明材料开始屈服，记录屈服荷载 $F_s$，试件断裂后停车，由副针读出最大荷载 $F_b$ 并记录。

取下试件，将断裂试件的两端对齐并尽量挤紧，用游标卡尺测量断后的标距 $l_1$，测量两断口处的直径 $d_1$，注意应在每段断口处两个互相垂直的方向各测量一次，计算平均值，取其中最小者计算 $A_1$。

（6）结束工作。取下试件和绘好的拉伸曲线图纸。请教师检查记录，将试验机的一切机构复原。

### 2.1.6 实验结果处理

（1）根据屈服荷载 $F_s$ 及最大荷载 $F_b$ 计算屈服极限 $\sigma_s$ 和强度极限 $\sigma_b$：

$$\sigma_s = \frac{F_s}{A_0}, \quad \sigma_b = \frac{F_b}{A_0}$$

（2）根据实验前后的标距长度及横截面面积，计算延伸率 $\delta$ 及断面收缩率 $\psi$：

$$\delta = \frac{l_1 - l_0}{l_0} \times 100\%, \quad \psi = \frac{A_0 - A_1}{A_0} \times 100\%$$

（3）若断口不在标距长度中部 1/3 区段内，需采用断口移中的办法（借计算把断口移至中间）以计算试件拉断后的标距 $l_1$。采用断口移中法时，实验前要将试件标距分为 10 格。试验后将拉断的试件断口对紧，如图 2-18 所示，以断口 $O$ 为起点在长段上取基本上等于短段的格数 $B$ 点，当长段所余格为偶数时［图 2-18（a）］，就量出长段所余格数的一半得出 $C$ 点，将 $BC$ 段长度移到试件左端，则移位后的 $l_1$ 为

$$l_1 = AB + 2BC$$

如果在长段上取基本等于短段格数 $B$ 点后，若长段所余格数为奇数时［图 2-18（b）］可在长段上量取所余格数减 1 之半得 $C$ 点，再量取所余格数加 1 之半得

$C_1$点，则移位后 $l_1$ 为

$$l_1 = AB + 2BC$$

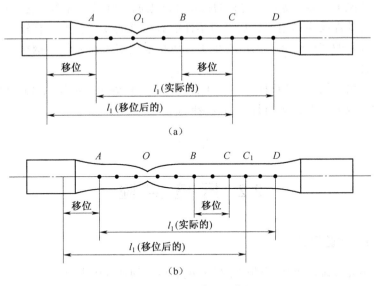

（a）

（b）

图 2-18　压缩端口示意图

为什么要将断口移中呢？这是因为断口靠近试件两端时，在断口试件的较短一段上，必将受到试件头部较粗部分的影响，从而降低了颈缩部分的局部伸长量，使延伸率 $\delta$ 的数值偏小，用断口移中的办法可以在一定程度上弥补上述偏差。

### 2.1.7　铸铁拉伸实验

铸铁也是工程中广泛应用的材料之一，拉伸时的应力—应变关系是一条微弯曲线。如图 2-19 所示，没有直线区段，没有屈服和颈缩现象，试件断口平齐、粗糙，拉断前的应变很小，延伸率也很小，几乎没有塑性变形，所以只能测得拉伸时的强度极限 $\sigma_b$（拉断时的最大应力）。铸铁是典型的脆性材料，由于没有屈服现象，强度极限 $\sigma_b$ 是衡量强度的唯一指标。

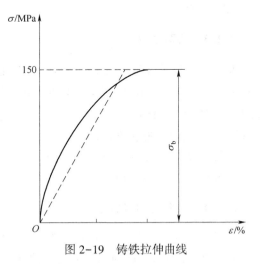

图 2-19　铸铁拉伸曲线

由于铸铁 $\sigma-\varepsilon$ 图是一微弯的曲线，弹性模量 $E$ 的数值随应力的大小而变。但在工程中铸铁的拉应力不能很高，而在较低的拉应力下，则可近似地认为服从胡克定律。通常取 $\sigma\text{-}\varepsilon$ 曲线的割线代替曲线的开始部分，并以割线的斜率作为弹性模量，称为割线弹性模量。

一般情况下，铸铁等脆性材料的抗拉强度很低，所以不宜作为受拉构件。但铸铁经球化处理成为球墨铸铁后，力学性能有显著的变化，不但有较高的强度，而且还有较好的塑性性能。国内不少工厂成功地用球墨铸铁代替钢材制造曲轴、齿轮等零件。

首先测出直径 $d$，计算横截面积 $A_0$，然后装入试验机逐渐加载直到试样断裂，记下最大荷载 $F_b$，据此即可计算强度极限 $\sigma_b$：

$$\sigma_b = \frac{F_b}{A_0}$$

# 2.2　压　缩　实　验

## 2.2.1　实验目的

（1）确定压缩时低碳钢的屈服极限 $\sigma_s$ 和铸铁的强度极限 $\sigma_b$。

（2）观察低碳钢和铸铁压缩时的变形及破坏现象并进行比较。

## 2.2.2　实验设备

（1）WE–600 kN 液压式万能材料试验机，WE–300 kN 液压式万能材料试验机，WE–1000B 数显液压式万能试验机。

（2）游标卡尺。

## 2.2.3　实验试件

根据现行金属材料室温压缩试验方法规范 GB/T 7314—2017，木材、石块、混凝土试件通常为立方体标准试件：$l_0 = (2.5 \sim 3.5)\,b$；金属材料常采用圆柱形标准试件：

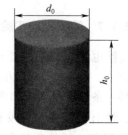

图 2–20　压缩标准试件

试样长度 $l_0 = (2.5 \sim 3.5)d$ 或 $(1 \sim 2)d$；

试样原始直径：$d = [(10 \sim 20) \pm 0.05]\,\text{mm}$，如图 2–20 所示。

## 2.2.4　压缩时力学性能

当试件承受压缩时，其上下两端面与试验机支承垫之间将产生很大的摩擦力，如图 2–21 所示，这种摩擦力阻碍试件上部的横向变形，若在试件两端面涂以润滑剂，就可以减小摩擦力，试件的抗压能力将会有所下降。当试件高度相对增加时，摩擦力对试件中部的影响将有所减小。同时为了尽量使试件承受轴向压力，试件两端必须完全平行，并还应制作光滑。

试验机附有球形承垫，如图 2-22 所示。球形垫承位于试件上端和下端。当试件两端面稍有不平行时，球形承垫可以起调节作用，使压力通过试件轴线。

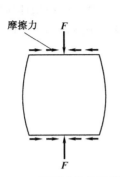

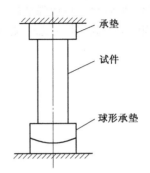

图 2-21　承压试件的摩擦力　　　　图 2-22　试验机附有球形承垫

压缩试验也是考察材料力学性质的基本试验之一，为了比较低碳钢和铸铁拉伸与压缩时的力学性质的异同，将 $\sigma$-$\varepsilon$ 曲线画在同一个坐标内。

图 2-23 所示为低碳钢压缩与拉伸时的应力—应变曲线，从图中可以看出，低碳钢拉伸与压缩时的弹性模量 $E$ 和屈服极限 $\sigma_s$ 相同。屈服阶段以后，低碳钢压缩试件会被越压越扁，横截面积不断增大，试件抗压能力也继续提高，因而得不到压缩时的强度极限。

图 2-24 所示为铸铁压缩与拉伸时的应力—应变曲线。铸铁是一种典型的脆性材料，压缩时的力学性质与拉伸时有较大差异，从图 2-24 中可以看出，此种材料拉伸与压缩时的弹性模量基本相同，但压缩时的强度极限 $\sigma_b$ 是拉伸时的 4~5 倍，试件在变形不大的情况下突然破坏，破坏断面的法线与轴线成 45°~55° 的倾角，表明试件沿斜截面因相对错动而破坏。

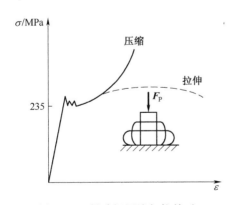

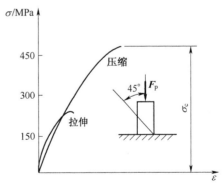

图 2-23　低碳钢压缩与拉伸时　　　　图 2-24　铸铁压缩与拉伸时的
　　　　的应力—应变曲线　　　　　　　　　应力—应变曲线

低碳钢和铸铁目前仍是工程中使用最为广泛的典型塑性与脆性材料，这两种材料表现出来的力学性质具有一定的代表性。一般认为，低碳钢及其他塑性材料是拉、压力学性质相同的材料，在了解其拉伸性质之后，不一定再去做压缩实验。铸铁所反映出的拉伸与压缩力学性质有较大的差异，对于其他脆性材料也有同样情形。脆性材料抗压强度高，价格低廉，宜于制成受压构件使用，特别是铸铁，坚固耐磨，高温熔融态时流动性很好，广泛用于浇铸制成的床身、机座等零部件。

# 第 3 章

# 拉伸时材料弹性常数的测定

## 3.1 实 验 目 的

（1）验证胡克定律，测定钢材的弹性模量 $E$ 和泊松比 $\mu$。
（2）学习拟定实验加载方案。
（3）学习应力电测方法。

## 3.2 实 验 设 备

（1）万能材料试验机。
（2）游标卡尺。
（3）电阻应变仪。

## 3.3 电测法基本原理

电测法就是将电阻应变片（以下简称"应变片"）牢固地贴在被测构件上，当构件受力变形时，应变片的电阻值将随之发生相应的改变。通过电阻应变测量装置（电阻应变仪，以下简称"应变仪"），将电阻改变量测出来，并换算成应变值指示出来（或用记录器记录下来）。

### 3.3.1 电阻应变片

如果要测量图 3-1 所示构件上某一点 $K$ 的 $x$ 方向线应变，可在构件受载前，于该点沿该方向贴一根长度为 $l$，截面面积为 $A$，电阻率为 $\rho$ 的金属丝。由电学知识可知，该金属丝的电阻 $R$ 为

$$R = \frac{\rho l}{A} \tag{3-1}$$

构件受力后，由物理学中的应变效应可知，在该点、该方向产生应变 $dl/l$ 的同时，金属丝的电阻也将随之发生相应的变化 $dR/R$，为求得电阻变化率 $dR/R$ 与

应变 $\mathrm{d}l/l$ 之间的关系，可将式（3-1）两端先取对数后再微分得

$$\ln R = \ln \rho + \ln l - \ln A$$

$$\frac{\mathrm{d}R}{R} = \frac{\mathrm{d}\rho}{\rho} + \frac{\mathrm{d}l}{l} - \frac{\mathrm{d}A}{A} \qquad (3-2)$$

式中：$\mathrm{d}l/l$ 为纵向线应变；$\mathrm{d}A/A$ 为金属丝长度变化时，由横向效应而造成的截面相对改变量。对于圆截面直径为 $D$ 的金属丝来说，若对其截面面积的计算公式 $A = \dfrac{\pi D^2}{4}$ 的两端先取对数再微分，则有 $\dfrac{\mathrm{d}A}{A} = 2\dfrac{\mathrm{d}D}{D}$。

根据纵向应变 $\mathrm{d}l/l$ 与横向应变 $\mathrm{d}D/D$ 之间的关系

$$\frac{\mathrm{d}D}{d} = -m\frac{\mathrm{d}l}{l} \qquad (3-3)$$

就可得出

$$\frac{\mathrm{d}A}{A} = -2\mu\frac{\mathrm{d}l}{l} \qquad (3-4)$$

式中：$\mu$ 为金属丝材料的泊松比。

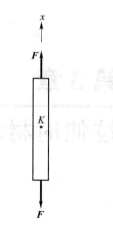

图 3-1　拉伸构件

$\mathrm{d}\rho/\rho$ 表示金属丝电阻率的相对变化，目前与实验结果较为相符的解释认为，金属丝电阻率的变化率与其体积变化率 $\mathrm{d}V/V$ 之间呈线性关系，即

$$\frac{\mathrm{d}\rho}{\rho} = m\frac{\mathrm{d}V}{V}$$

由材料力学可知，在单向应力状态下：

$$\frac{\mathrm{d}V}{V} = (1 - 2\mu)\frac{\mathrm{d}l}{l}$$

因而有

$$\frac{\mathrm{d}r}{r} = m(1 - 2m)\frac{\mathrm{d}l}{l} \qquad (3-5)$$

式中：$m$ 为与金属材料及其加工方法有关的常数。将式（3-4）和式（3-5）式代入式（3-3），则有

$$\frac{\mathrm{d}R}{R} = [(1 + 2\mu) + m(1 - 2\mu)]\frac{\mathrm{d}l}{l}$$

令

$$K = (1 + 2\mu) + m(1 - 2\mu)$$

可以得到

$$\frac{\mathrm{d}R}{R} = K\frac{\mathrm{d}l}{l} = K\varepsilon \qquad (3-6)$$

式中：$K$ 为材料的灵敏系数，一般 $K = 2.0 \sim 2.2$。

从式（3-6）中可看出，为了能精确地读出 $\varepsilon$，希望 $\mathrm{d}R$ 尽可能大，这就要求 $R$ 尽可能大，亦即要求金属丝尽可能长。此外，在进行应变测量时，需对金属丝

加一定的电压，为了防止电流过大，产生发热乃至熔断，也要求金属丝较细长，以获得较大的电阻值 $R_0$。但从测量构件应变的角度来看，却又希望金属丝这种传感元件尽可能小，以便较准确地反映一点的应力情况。解决这一矛盾的措施，就是将金属丝做成图 3-2 所示的栅状，称为电阻应变片。

应变片的基本参数有标距 $l$、宽度 $a$、灵敏系数 $K$ 及参考电阻值 $R$，一般生产单位在出厂前已标定好。

电阻应变仪是利用惠斯登电桥进行应变测量的。惠斯登电桥共有 4 个桥臂电阻，如图 3-3 所示。

若桥臂电阻 $R_1$ 与 $R_2$ 由外接电阻应变片来充当，而 $R_3$ 与 $R_4$ 用应变仪内部的固定电阻片，则这种电桥的接线方法叫半桥接法，如图 3-3 所示。若 4 个桥臂电阻全部由外接的电阻应变片充当，则叫全桥接法，如图 3-4 所示。

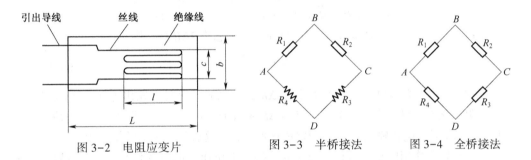

图 3-2　电阻应变片　　图 3-3　半桥接法　　图 3-4　全桥接法

### 3.3.2　电阻应变仪的测量原理

1. 测量的基本电路（电桥）

在电阻应变仪中一般用电桥将应变片的电阻变化转换为电压或电流的变化，以图 3-5 所示直流电桥为例说明。直流电桥的桥臂是由 $R_1$，$R_2$，$R_3$，$R_4$ 4 个电阻组成的，$AC$ 两端为电源端，其直流电压为 $U_E$。$BD$ 两端为输出端其负载电阻为 $R_0$。

一般情况下电桥输出端配有电阻应变仪高输入阻抗的放大器，其负荷电阻可以认为无限大，输出端处于开路状态，这种电桥称为电压桥。下面分析应变片电阻变化和电桥输出电压的关系。

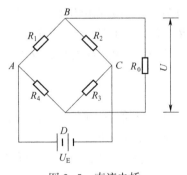

图 3-5　直流电桥

输出电压 $U$ 等于 $D$ 点与 $B$ 点间的电位差。在 $ABC$ 支路中，由分压公式得 $B$ 点电压 $U_{BA}$ 为：

$$U_{BA} = U_E \frac{R_1}{R_1 + R_2}$$

在 $ADC$ 支路中，同理得 $D$ 点的电压 $U_{AD}$ 为

$$U_{AD} = U_E \frac{R_4}{R_3 + R_4}$$

可输出的电压 $U = U_{BD}$ 为

$$U = \frac{R_1}{R_1 + R_2} \cdot U_E - \frac{R_4}{R_3 + R_4} \cdot U_E = \frac{R_1 R_3 - R_2 R_4}{(R_1 + R_2)(R_3 + R_4)} \cdot U_E \qquad (3-7)$$

电桥平衡条件：电桥 4 臂阻值具有什么关系时，电桥输出为零。由式（3-7）可见，当分子为零时，$U = 0$，所以直流电桥平衡条件为

$$R_1 R_3 - R_2 R_4 = 0 \qquad (3-8)$$

实际测量中多数是桥臂 4 个电阻 $R_1 = R_2 = R_3 = R_4$，这种电桥称为等臂电桥。设等臂电桥中 $R_1$ 为应变片，当电阻改变量为 $\Delta R$ 时，$U$ 与 $\Delta R$ 的关系为

$$U = \frac{(R_1 + \Delta R) R_3 - R_2 R_4}{(R_1 + \Delta R + R_2)(R_3 + R_4)} \cdot U_E = \frac{\Delta R}{4R + 2\Delta R} \cdot U_E$$

由于一般情况下 $\Delta R \ll R$，所以可在分母中忽略 $2\Delta R$ 项，则

$$U = U_E \frac{\Delta R}{4R} \qquad (3-9)$$

式（3-9）为输出电压与电阻变化 $\Delta R$ 的关系式。可见，输出电压 $U$ 与应变片电阻变化率、供桥电压有关。并且当 $\Delta R \ll R$ 时，$U$ 与 $\Delta R$ 呈线性关系，即应变片产生 $\Delta R$ 时，电桥输出电压 $U$ 随之成比例变化，这就是电桥的转换作用。

电桥转换作用的物理过程：与应变片接入电桥而无电阻变化时，由于桥臂中 $R_1 = R_2 = R_3 = R_4 = R$，则 $B$ 点与 $D$ 点的电位相等，所以 $BD$ 间电压 $U$ 为零，即 $\Delta R = 0$（应变片无电阻改变时），$U = 0$；当应变片 $R_1$ 产生 $\Delta R$ 时，桥 $AB$ 阻值为 $R_1 + \Delta R$，因而 $B$ 点电位高于 $D$ 点电位，$BD$ 间电位差即为输出电压 $U$。可见，$U$ 随 $\Delta R$ 变化而成比例变化，从而电桥把 $\Delta R$ 变换为电压。

如果桥 $AB$ 上应变片的应变为 $\varepsilon_1$，将式（3-6）代入式（3-9）得

$$U = \frac{U_E K \varepsilon_1}{4} \qquad (3-10)$$

测定 $U$ 值后，便可求出 $\varepsilon_1$ 值。

同样，如果电桥的 4 个桥臂电阻产生一般小电阻增量（分别为 $\Delta R_1$，$\Delta R_2$，$\Delta R_3$，$\Delta R_4$），则由式（3-7）可得电桥输出电压

$$U = \frac{U_E}{4}\left(\frac{\Delta R_1}{R_1} - \frac{\Delta R_2}{R_2} + \frac{\Delta R_3}{R_3} - \frac{\Delta R_4}{R_4}\right) \qquad (3-11)$$

若 4 个应变片作桥臂（其初始电阻值满足平衡条件），当应变片的应变分别为 $\varepsilon_1$，$\varepsilon_2$，$\varepsilon_3$，$\varepsilon_4$ 时，将式（3-5）代入式（3-11）得

$$U = \frac{U_E}{4} K(\varepsilon_1 - \varepsilon_2 + \varepsilon_3 - \varepsilon_4) \qquad (3-12)$$

可见，输出电压与各桥臂上应变片的应变代数和成正比。

用电桥测量电阻变化的方法有两种：直读法和零位法。

直读法是把电桥输出电压放大后，直接接电压表，电压表刻度盘直接刻好应变值，由指针偏转直接指出应变值，或是将电桥输出电压放大后送到记录器直接记录下应变值。直读法用于动态测量。由式（3-9）的 $U = \dfrac{KU_E \varepsilon}{4}$ 可以看出，输出电压 $U$ 受电源电压 $U_E$ 影响，因此直读中要求电压很稳定，否则会产生误差。

2. 电桥的加减特征

通常式（3-12）也当作电桥的加减特性表达式。一般在电阻应变仪测量中，应设法使桥臂各应变片的应变量 $\varepsilon_1 = \varepsilon_2 = \varepsilon_3 = \varepsilon_4 = \varepsilon$，则可以看出电桥有如下加减特性。

（1）当桥臂只有应变片 $R_1$ 产生 $\varepsilon$ 应变时，这时输出电压为 $U = \dfrac{KU_E \varepsilon}{4}$。

（2）当桥臂应变片 $R_1$ 有 $+\varepsilon$，应变片 $R_2$ 有 $-\varepsilon$ 时，输出电压为 $U = \dfrac{U_E K \varepsilon}{2}$。与上式比较，这时输出电压等于两个臂引起输出电压之和。

（3）当桥臂 $R_1$ 有 $+\varepsilon$，应变片 $R_3$ 产生应变 $+\varepsilon$ 时，输出电压为 $U = \dfrac{U_E K \varepsilon}{2}$，同样，这时相当于两臂输出之和。

（4）当桥臂 $R_1$ 有 $+\varepsilon$，$R_2$ 有 $-\varepsilon$，$R_3$ 有 $+\varepsilon$，$R_4$ 有 $-\varepsilon$ 应变时，输出电压为 $U = U_E K \varepsilon$。显然与单臂比较，此时为其 4 倍，即为 4 臂输出之和。

由（2）~（4）三种情况看出，当相邻臂有异号或相对臂有同号应变时，电桥能把各臂信号引起的电压变化自动相加后输出。

（5）当桥臂 $R_1$ 有 $+\varepsilon$，$R_2$ 有 $+\varepsilon$ 应变时，则输出电压 $U = 0$ 时；当 $R_1$ 有 $-\varepsilon$，$R_3$ 有 $+\varepsilon$ 时，则输出电压为 $U = 0$，由这两种情况可以看出，当相邻两臂有同号，相对两臂有异号应变时，电桥能把各臂引起的电压变化自动相减后输出。

由此可以得出电桥加减特性为相邻臂有异号，相对臂有同号大小相等的应变时，电桥相加；相邻臂有同号，相对臂有异号大小相等的应变时，电桥相减。

3. 温度补偿

在测量环境温度变化时，由于敏感栅的电阻温度效应（金属线的电阻随温度而变化的效应）及其构件的线膨胀不同，均会使电阻值发生变化。为测得构件的真实应变，必须消除这一影响，为此取一片与工作应变片同样性能的应变片，粘贴在与构件相同材料不受力的试件（补偿板）上，使它具有与构件相同的温度，此应变片称为温度补偿片。利用电桥的加减特性，测量时如工作应变片接在 $AB$ 上，补偿片接在 $BC$ 上，其他两臂接固定电阻，则由于温度变化而产生的电阻变化被消除了。

例如，拉伸或压缩应力的测量。

取两片阻值 $R$、灵敏系数 $K$ 都相同的电阻应变片，将其中一片 $R_1$ 沿受力方向贴在待测构件上，另一片 $R_2$ 贴在不受力的补偿板上，按半桥方式接入电桥线路，如图 3-6 所示。

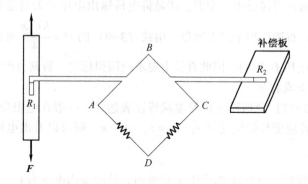

图 3-6　拉伸半桥式电桥线路

当构件受力后引起的电阻应变片 $R_1$ 的电阻变化量为 $\Delta R'_1 = K\varepsilon R_1$。

由于温度变化引起应变片 $R_1$ 的电阻变化量为 $\Delta R''_1 = R_1\alpha\Delta t$。

所以应变片 $R_1$ 总的电阻变化量为

$$\Delta R = \Delta R'_1 + \Delta R''_1 = K\varepsilon R_1 + R_1\alpha\Delta t$$

应变片 $R_2$ 因为不受力，所以只有由于温度引起的电阻变化量为：$\Delta R_2 = R_2\alpha\Delta t$。

因为 $R_1$，$R_2$ 是接在电桥相邻两臂，所以总的电阻变化为

$$\Delta R = \Delta R_1 - \Delta R_2 = K\varepsilon R_1 + R_1\alpha\Delta t - R_2\alpha\Delta t$$

又由于 $R_1 = R_2$，$K$，$\alpha$，$\Delta t$ 都相同，所以

$$\Delta R = K\varepsilon R_1$$

这样就消除了温度影响，而只测量了轴向应变 $\varepsilon$。

# 3.4　YD-88 便携式应变仪

YD-88 便携式应变仪由 ±5 V 稳压电源、2 V 高稳定悬浮桥源、1 μV 高稳定专用放大器、功率放大器、A/D 转换器、驱动器、$4\frac{1}{2}$ 位数字面板表、通道切换单元等部分组成。

1. 部件组成

1) 全悬浮高稳定桥源

为了提高仪器抗干扰能力，精心设计了一个 2 V DC 电压输出全悬浮供桥源，正负电压分别对称稳压，内阻极小又无接地端，使全悬浮的电桥输出对称接到输入全悬浮的放大器中去，这种设计的连接方式共模抑制作用最强（120 db），使测量的干扰最小，可以精确测准 1 μ$\varepsilon$（1 μV）的信号。

2）高稳定度 1μV 放大器

由于有效地解决了直流放大器的零漂和噪声难题，使本仪器的高技术指标得以实现，本放大器采用高精度，低失调电压、低温漂、低噪声的国外最新制造的器件，又采用独特设计的严格的调测工艺。使差动放大器两通道电流温漂抵消，确保在常温至 65 ℃ 的范围内小于 2 μV 温漂，放大器的基极电流控制在 10 NA 的极小范围内，而电源抑制和共模抑制比优于 120 db。

3）数字面板表

本仪器采用 4 倍半（±19 999），7 段 LED（发光二极管）数字面板表，最后一位为 1 μV 显示。采样次数为 3 次/秒，自动调整零点，过载时闪烁或全黑，并且具有自动转换的功能。

2. 使用方法

（1）按图接好应变片，使用公共补偿时，请接后面板公共补偿片端子，不用公共补偿片时必须拆除，其他测点一端接公共补偿端 B，另一端分别接 1~9 通道 A 端，不必将各通道 C 点短接。面板半桥、全桥开关置半桥位置即可测量。若接全桥测量，每通道分别接 ABCD 即可。

（2）切换通道有 LED 指示，如数显闪动，表明外桥接法有问题，或输入超过 ±2 000 με，如数显不稳表明贴片有问题，待数显稳定后，即可用小螺丝刀调指示灯下方多圈精密电位器，直至数显为零。

（3）本仪器灵敏系数调整设备在后面板右上方，按应变片出厂时标定的数值，将相应的拨码开关置于该灵敏系数为 ON 位置。注意不可将两开关同时置 ON 位置。

（4）如测量点超过 10 个点，请用外接切换箱 PS-20。这样可以同时测 20 个点的应变。

## 3.5　实　验　试　件

实验采用低碳钢扁试件进行实验，材料的屈服极限为 $\sigma_s = 185\sim235$ MPa。

## 3.6　实　验　原　理

由胡克定律表达式

$$\sigma = E\varepsilon \tag{3-13}$$

则有

$$E = \frac{\sigma}{\varepsilon} \tag{3-14}$$

当加载方案确定后，根据试件的横截面积 $A_0$ 和所加的荷载 $F$ 即可计算应力 $\sigma$。

$$\sigma = \frac{F}{A_0} \tag{3-15}$$

由式（3-14）可知，只要测出材料在某一荷载 $F$ 作用下的变形 $\varepsilon$，即可求出弹性模量 $E$。测定材料的泊松比 $\mu$ 时，可根据其定义直接测出。即

$$\mu = \left| \frac{\varepsilon'}{\varepsilon} \right| \tag{3-16}$$

式中：$\varepsilon'$ 为材料在荷载作用下的横向应变；$\varepsilon$ 为材料在荷载作用下的轴向应变。

为了尽可能地消除测量误差，提高测量精度，一般采用增量法加载。所谓增量法，就是将要加的最终荷载分成若干等份，逐级加载来测量试件的变形。

设试件的横截面面积为 $A_0$，各级荷载的增加量均相等且为 $\Delta F$。

$$\Delta F = F_i - F_{i-1}$$

则应变增加量为

$$\Delta \varepsilon = \varepsilon_i - \varepsilon_{i-1} \tag{3-17}$$

故本次实验弹性模量的计算式为

$$E = \frac{\Delta \sigma}{\Delta \varepsilon} \tag{3-18}$$

式中：$\Delta \sigma = \frac{\Delta F}{A_0}$。

泊松比的计算式为

$$\mu = \left| \frac{\Delta \varepsilon'}{\Delta \varepsilon} \right| \tag{3-19}$$

增量法可以验证力（荷载）与变形的线性关系，由于在弹性范围内进行实验，所以在各级荷载增量 $\Delta F$ 相等的情况下，相应地由应变仪测得的伸长增加量也大致相等，这就验证了胡克定律的正确性。

测弹性模量 $E$ 时，利用上述逐级加载的方法，不仅可以验证胡克定律，还可以判断测读的数据有无错误。

## 3.7 实验步骤

（1）试件准备：在实验段范围内，测量试件三个截面处的尺寸 $b$ 与 $h$，取三处截面面积的平均值作为试件的横截面面积 $A_0$，如图 3-7 所示。

（2）拟订实验加载方案。

①确定最大荷载 $F_{max}$。由于在比例极限内进行实验，故最大应力值不能超过比例极限。从而可确定出最大荷载 $F_{max}$（比例极限一般取屈服极限的 70%～80%）。

由 $$\sigma = \frac{F_{max}}{A_0} \leqslant \sigma_p = (70 \sim 80)\% \sigma_s$$

可求得 $F_{max}$。

②确定初荷载 $F_0$。由于实验开始时万能机及夹具具有不可避免的弹性变形，夹具与试件表面有微小的滑动，这些均影响读数的准确性。为了夹牢试件及消除上述影响，必须加一定的初荷载，按国家标准 GB/T 228.1—2010 中的规定，初荷载应力为试验机所用度盘量程的 10%，但不得小于试验机最大负荷的 4%。

③确定分级加载的数量 $N$ 及每级荷载的增加量 $\Delta F$。根据所进行实验的重要性确定。一般取 3~5 级加载。每级荷载的增加量相等且均为 $\Delta F$，即

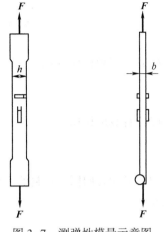

图 3-7 测弹性模量示意图

$$\Delta F = \frac{F_{max} - F_0}{N}$$

例如，$N = 4$ 时就是分 4 级加载。

实验加载如下：

$$F_0；\quad F_1 = F_0 + \Delta F；\quad F_2 = F_1 + \Delta F；\quad F_3 = F_2 + \Delta F \quad \cdots$$

（3）试验机准备：根据最大荷载 $F_{max}$，选用合适的测力度盘和相应的摆锤。调整测力指针，使其对准零点。

（4）安装试件：将试件装入万能机上下两夹具中，保证试件在受力时为轴向拉伸。

（5）接惠斯登电桥并调平衡，如图 3-8 所示。

（6）检查及试车：请教师检查以上完成情况。开动试验机，预加荷载须小于最大荷载值，然后卸载至初荷载以下，以检查试验机及电阻应变仪是否处于正常状态。

（7）进行实验。加载至初荷载 $F_0$，记录应变仪测得轴向应变值和横向应变值。然后分别加载至 $F_1$，$F_2$，$F_3$，…。每加到一个荷载时，应分别测读出轴向和横向应变值，直到最终荷载为止。重复以上试验，重复次数以三次以上为宜。

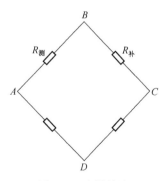

图 3-8 半桥接法

（8）整理实验结果，作出实验报告。

# 3.8 实验结果处理

（1）计算弹性模量：

$$E = \frac{\Delta\sigma}{\Delta\varepsilon} , \ \Delta\sigma = \frac{\Delta F}{A_0}$$

（2）计算泊松比：

$$\mu = \left| \frac{\Delta\varepsilon'}{\Delta\varepsilon} \right|$$

（3）利用各向同性材料的三个弹性常数 $E$，$G$，$\mu$ 之间的关系，计算剪切弹性模量 $G$：

$$G = \frac{E}{2(1 + \mu)}$$

# 第 4 章

# 扭转实验

## 4.1 实 验 目 的

(1) 测定低碳钢的剪切屈服极限 $\tau_s$ 及剪切强度极限 $\tau_b$。

(2) 测定铸铁的剪切强度极限 $\tau_b$。

(3) 绘制低碳钢的扭矩图（ $T - \varphi$ ）。

(4) 观察并比较低碳钢与铸铁材料的扭转破坏状况。

## 4.2 实 验 设 备

(1) NB-50B 型扭转试验机，NJS-01 型数显式扭转试验机。

(2) 游标卡尺。

### 4.2.1 NB-50B 型扭转试验机

1. 技术参数

NB-50B 型扭转试验机采用机械传动加载，用摆式机构测试扭矩。它的量程随着所用摆锤的不同重量分为三种：0~100 N·m, 0~200 N·m, 0~500 N·m。相应的精度分别为 0.5 N·m, 1.0 N·m, 2.0 N·m。它适用于直径为 10~25 mm 的试件。

试验机的外形图如图 4-1 所示。

2. 试验机操作步骤

(1) 检查试验机固定夹头 1、加载夹头 2 的形式是否与试件配合，离合器杆 4 是否放在正确的位置上。

(2) 根据试件所需的最大扭矩，转动调节轮 10 至相应位置，以选择适当的测力度盘 8。

(3) 安装试件：先将试件一端装在固定夹头 1 中，向左移动活动车头 12 并转动加载夹头 2，使试件的另一端插入加载夹头 2 中。

(4) 旋动调零手轮使测力度盘上的指针对"零"。

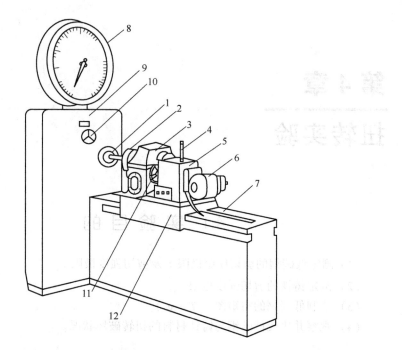

图 4-1　NB-50B 型扭力试验机外形

1—固定夹头；2—加载夹头；3—齿轮箱；4—离合器杆；5—变速箱；6—电动机；

7—滑动导轨台面；8—测力度盘；9—测力机构箱；10—调节轮；11—手轮；12—活动车头

（5）加载有手动和电动之分。

手动加载：将离合器杆调到中央位置上（"空车"位置），用手转动手轮 11 加载。

电动加载：利用离合器杆可使加载夹头具有四种转速：7（°）/min，21（°）/min，60（°）/min，180（°）/min。电动加载时，先将离合器杆调到所用的转速位置上，按下开关按钮（"正向""反向"均可），开动电动机 6 通过变速箱 5、齿轮箱 3 等传动系统，使加载夹头 2 顺时针（或逆时针）转动，试件便产生扭转变形。

试件受力后，固定夹头就会旋转一个不大的角度（不超过 2°7′），与固定夹头固结在一起的大杠杆也就跟着旋转，无论这种旋转是顺时针的还是逆时针的，通过反向杠杆，总使拉杆下行。拉杆下行的结果，一方面扬起摆锤来平衡加载夹头加在试样上的力偶，使试件受到扭矩的作用；另一方面带动拨杆、推杆，使指针旋转，从而在表盘上显示试样所受的扭矩。如所加扭矩超过了所用的测力量程，则扬起的摆杆上的一个弹簧片就会使限位开关启动，切断电源，自动停车。

注意事项如下：

（1）一旦试件受到扭矩作用，即测力指针走动之后，就不允许改变量程。

（2）在实验时，不得触动活动车头。

（3）如发现异常现象，应立即停车，及时报告指导教师。

### 4.2.2 NJS-01型数显式扭转试验机

NJS-01型数显式扭转试验机由机械加力、传感器扭矩检测、光电编码器转角检测、数字显示、机座等部分组成。NJS-01型数显式扭转试验机外形如图4-2所示。

图4-2 NJS-01型数显式扭转试验机外形

1. 主要规格、技术参数和技术指标

NJS-01型数显式扭转试验机的主要规格、技术参数和技术指标见表4-1。

**表4-1 NJS-01型数显式扭转试验机的主要规格、技术参数和技术指标**

| 序号 | 项目名称 | 规格、参数及指标 |
|------|----------|------------------|
| 1 | 产品型号 | NBJ-01 |
| 2 | 最大显示扭矩/（N·m） | 150 |
| 3 | 扭矩最小读数值/（N·m） | 0.05 |
| 4 | 扭矩精确测量范围/（N·m） | 2~100 |
| 5 | 扭转角最大读数值/（°） | 99 999.9 |
| 6 | 扭转角最小读数值/（°） | 0.1 |
| 7 | 扭矩示值相对误差 | ≤±1.0 % |
| 8 | 扭矩示值重复性相对误差 | ≤±1.0 % |
| 9 | 零点相对误差 | ≤±0.1 % |
| 10 | 试样直径/mm | 10 |
| 11 | 最大试验空间/mm | 260 |
| 12 | 工作电压/V | AC（220±10%）V |

2. 工作条件

（1）在室温（20±10）℃范围内，相对湿度≤80%。

（2）在稳固的基础上放置。

（3）在周围无振动、无腐蚀性介质和无强电磁场干扰的清洁环境。

（4）电源电压的波动范围不应超过额定电压的±10%。

3. 试验机的工作原理

NJS-01 型数显式扭转试验机的原理如图 4-3 所示。

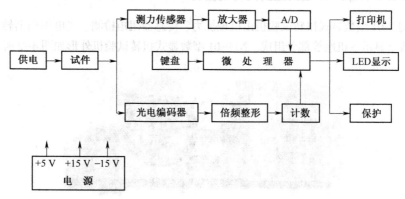

图 4-3　NJS-01 型数显式扭转试验机的原理框图

摇动手轮通过蜗轮蜗杆传动带动主动夹头对试样进行扭转试验，扭矩传感器受力后产生电信号送入测量放大器放大，进入 A/D 转换器产生数字信号，将此数字信号送入微处理器进行相应的数据处理，其结果由 LED 显示或由微型打印机打印；另外，试样的变形信号由光电编码器输出，进行倍频整形，计数处理，送入微处理器，然后与试验扭矩信号对应起来，使试验机具有以下基本功能。

（1）自动检测：摇动手轮至试棒扭断，试验机自动检测材料的屈服扭矩 $T_1$、最大扭矩 $T_2$。

（2）手动检测：可任意选择记录试验过程中 9 个点的试验角度及扭矩。

（3）试验结束后可选择查询或打印当次试验结果。

4. 基本功能

1. 操作面板功能

（1）转角显示窗，显示转角，单位为 °。

（2）扭矩显示窗，显示扭矩，单位为 N·m。

（3）刚度显示窗，显示刚度，单位为 (°) /m。

（4）转角【清零】键，角度清零。

（5）扭矩【清零】键，扭矩清零。

（6）扭矩【峰值】键，按下此键，指示灯亮，试验时显示扭矩的最大值，再按此键峰值取消。

（7）【检测】键，用于选择自动检测或手动检测。

（8）【0~9】为数字键。

（9）【正向/反向】键，被动夹头顺时针受力时，选择正向键，红色指示灯亮；反之应选择反向键。

（10）【设置】键，可以设置试样序号、操作者工号，可按如下步骤进行：

按【设置】→【试样序号××】→【工号××】→【确认】返回开机状态，与其他键配合设置时钟。

（11）【总清】键，用于转角扭矩同时清零。

（12）【打印】键，用于打印试验结果，打印后序号自动增加。

（13）【时钟】键，按此键可查询当前的年、月、日、时、分、秒。按【确认】回到初始状态。如需修改，可在时钟状态下按如下步骤进行：

按【设置】→【时钟】→【年×××】→【月××】→【日××】→【小时××】→【分××】→【秒××】→【确认】回到时钟状态下→【确认】返回初始状态。

（14）【查询】键，按此键可查询当次试验结果。

（15）【查打】键，对机内已存储的任一试样进行查询和打印。

当对已存入机内的试样检测结果进行打印时，按【查打】键，显示器显示：【∩0---】，然后将试样编号输入到机器中，即自动打印出其数据。例如，查询编号 08 的数据，按【查打】键，输入 08，即可打印。

（16）【复位】键，按此键可恢复至开机手动正向检测状态。

（17）【确认】键：①每种试验参数输入完毕，设置另一种试验参数时的转换键。②手动检测状态试验时，任意检测点的确认键。

（18）【补偿】键，用于补偿试验时传感器及机架变形（出厂时已调整好，用户无须调整。

5. 实验操作

1）自动检测

（1）打开电源开关（电器机箱上的空气开关），试验机进入测试状态，此时试验扭矩和位移均自动清零；将机器预热 20 min。

（2）将试样安装在两夹头间，塞入夹块，将内六角螺钉拧紧。

（3）根据被动夹头的受力方向选择旋向（被动夹头顺时针受力为正向，逆时针受力为反向）。

（4）选择自动检测即可测试。在屈服前试验速度应在（6°~30°）/min 范围内，屈服后试验速度应不大于 360（°）/min。当试样扭断时，可查询或打印屈服扭矩和最大扭矩及相应转角，按【总清】进行下一个测试。

**需要注意**：刚度显示窗显示每转动 1°时扭矩的变化情况，当第一次刚度整数部分为零时，试验机将自动记录材料的屈服扭矩（扭转平台），继续试验将记录材料的最大扭矩。

下一次试验安装试样时，请注意不要使转角转过 1°，否则试验机会记录为平台。也可转换为手动检测状态安装试样，自动状态试验。

2）手动检测

选择手动检测（也可选择峰值状态）进行测试，试验至需记录的转角及扭矩时，按【确认】键即可记录，最多可记录 9 个检测点，其他操作步骤同上。

3）扭矩值校准

（1）将主机水平放置，预热 20~30 min。

（2）将随机带的标定杠杆用螺钉固定在被动夹头上，如前所述调整旋向按键，扭矩清零。

（3）挂上 5 个砝码，调整机箱后侧相应电位器，使数值显示在 $T \pm 1\%$ 以内（$T$ 指试验机显示扭矩的真值，为 100 N·m），拿下砝码后若不为零可清零，重复上述操作直到放上 5 个砝码显示在 $T \pm 1\%$ 以内，拿下砝码显示为零为止。

（4）放上一个砝码重复（3）的操作直到放上一个砝码显示为 $T$ 20% ± 1% 以内，拿下砝码显示为零为止。

（5）反复操作（3）和（4）几次，即可将高、低端的示值误差调节在 ±1% 以内。

（6）以上调节好后可按由小到大的顺序挂砝码，各点的示值相对误差均应在 ± 1% 以内。

（7）对另一方向进行校准，基本方法同上，但应使用相应旋向按键与校准电位器。

6. 维护与保养

（1）试验机在正常作用条件下，其示值误差校验一次的有效期为 1 年。

（2）试验机各移动、转动部件应经常加入润滑油。

（3）为了保护人身安全，试验机应妥善接地。

（4）更换打印机的打印纸时，先关闭电源，取下打印机，将新打印纸换上，并将纸的一端剪成三角形，插入进纸处。打开电源，按下打印机走纸键走纸。关掉电源，固定打印机。

7. 注意事项

（1）如在测试过程中扭矩显示不变化或有异常，则按【复位】键重新测试。

（2）如扭矩显示窗出现数字不稳定或超出 150 N·m 时，应检查电源和传感器是否被损坏。

（3）当试验超过 150 N·m 时，试验力过载，显示【EEEEE】，请立即卸载，以免损坏传感器。

（4）应定期修整夹紧螺钉夹紧端，以免头部肿胀而难以更换螺钉。

# 4.3 实 验 原 理

本实验采用圆形截面试件。

将试件装在扭转试验机上，开动机器，给试件施加扭矩。利用扭转机上的自动绘图装置可以自动绘出大致的 $T-\varphi$ 曲线，此 $T-\varphi$ 曲线也叫扭矩图。低碳钢试件的 $T-\varphi$ 曲线如图 4-4 所示。

图 4-4 中起始直线段 $OA$ 表示试件在此阶段中的 $T$ 与 $\varphi$ 成比例，截面上的剪应力呈线性分布，如图 4-5（a）所示。在 $A$ 点处，$T$ 与 $\varphi$ 的比例关系开始破坏，此时截面周边上的剪应力达到了材料的剪切屈服极限 $\tau_s$，故试件仍具有承载能

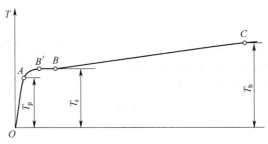

图 4-4  低碳钢试件的 $T$-$\varphi$ 曲线

力，$T - \varphi$ 曲线呈继续上升的趋势。

扭矩超过 $T_p$ 后，截面上的剪应力分布发生变化，如图 4-5（b）所示。在截面上出现了一个环状塑性区，并随着 T 的增长，塑性区逐步向中心扩展，$T - \varphi$ 曲线稍微上升，直至 $B$ 点趋于平坦，截面上各点材料完全达到屈服，扭矩度盘上的指针几乎不动或摆动，此时测力度盘上指示出的扭矩或指针摆动的最小值即为屈服扭矩 $T$，如图 4-5（c）所示。

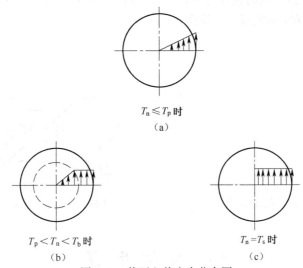

图 4-5  截面上剪应力分布图

根据静力学平衡条件，可求得 $\tau_s$ 和 $T_s$ 的关系为

$$T_s = \int \rho_s \tau_s \mathrm{d}A$$

又由于 $\mathrm{d}A = 2\pi\rho\mathrm{d}\rho$，所以有

$$T_s = 2\pi\tau_s \int_0^{\frac{d}{2}} \rho^2 \mathrm{d}\rho = \frac{\pi d^3}{12}\tau_s = \frac{4}{3}W_p\tau_s$$

故剪切屈服极限 $\tau_s$ 的计算公式为

$$\tau_s = \frac{3}{4}\frac{T_s}{W_p} \tag{4-1}$$

式中：$W_p = \dfrac{\pi d^3}{16}$。

继续给试件加载，试件再继续变形，材料进一步强化。当达到 $T-\varphi$ 曲线上的 $C$ 点时，试件被剪断。由测力度盘上的被动针可读出最大扭矩 $T_b$，与式（4-1）相似，可得剪切强度极限计算式为

$$\tau_b = \frac{3}{4}\frac{T_b}{W_p} \tag{4-2}$$

铸铁的 $T-\varphi$ 曲线如图4-6所示。从开始受扭直到破坏，近似为一直线，按弹性应力公式，其剪切强度极限为

$$\tau_b = \frac{T_b}{W_p} \tag{4-3}$$

试件受扭，材料处于纯剪切应力状态，在垂直于杆轴和平行于杆轴的各平面上作用着剪应力，而与杆轴线成45°角的螺旋面上，则分别只作用着 $\sigma_1 = \tau$，$\sigma_3 = -\tau$ 的正应力，如图4-7所示。由于低碳钢的抗拉能力高于抗剪能力，故试件沿横截面剪断而铸铁的抗拉能力低于抗剪能力，故试件从表面上某一最弱处，沿与轴线成45°方向拉断成一螺旋面。

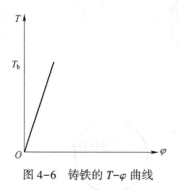

图4-6　铸铁的 $T-\varphi$ 曲线

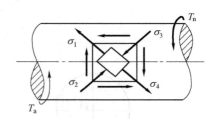

图4-7　试件受扭应力分布图

## 4.4　实 验 步 骤

（1）用游标卡尺测量试件直径，求出抗扭截面模量 $W_p$。在试件的两端及中央共取三个截面处，每处在纵横方向各测一次，取平均值作为该处直径，取三处直径最小者，作为试件直径 $d$，并据此计算 $W_p$。

（2）根据求出的 $W_p$，依据试件材料的 $\tau_b$，求出大致需要的最大荷载，确定扭转机的量程。

（3）将试件两端装入扭转机的夹头内，调整好绘图装置，将指针对准零点，并将测角度盘调整到零。

（4）用笔在试件表面上画一纵向线，以便观察试件的扭转变形情况。

（5）对于低碳钢试件，可以先用手动（或慢速电动机加载）缓慢而均匀地加载，当测力指针前进速度渐渐减慢以至停留不动，这时表明的值就是 $T_s$（注意：指针停止不动的瞬间很短，需留心观察）。然后卸掉手摇柄，用电动加载（或换为快速电动加载），直至试件破坏并立即停车。记下被动指针所指的最大扭矩，注意观察测角度盘的读数。

（6）铸铁试件的实验步骤与低碳钢相同，可直接用电动加载，记录试件破坏时的最大扭矩值。

# 第 5 章

# 等强度梁实验

## 5.1 实 验 目 的

（1）学习应用应变片组桥，检测应力的方法。

（2）验证变截面等强度实验。

（3）掌握用等强度梁标定灵敏度的方法。

（4）学习静态电阻应变仪的使用方法

## 5.2 实 验 仪 器

（1）等强度梁的正应力的分布规律实验装置，如图 5-1 所示。

（2）等强度梁的安装与调整：

在图 5-1 所示位置处，将拉压力传感器 6 安装在蜗杆升降机构 5 上拧紧，顶部装上压头 7；摇动手轮 4 使之降到适当位置，以便不妨碍等强度梁的安装；将等强度梁如图放置，调整梁的位置使其端部与紧固盖板 2 对齐，转动手轮使压头 7 与梁的接触点落在实验梁的对称中心线上。调整完毕，将紧固螺钉 1（共 4 个）用扳手全部拧紧。

**注意**：实验梁端部未对齐

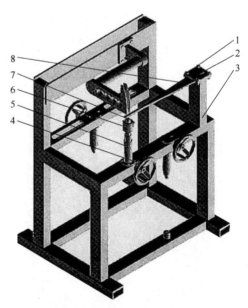

图 5-1　等强度梁的正应力的分布规律实验装置

1—紧固螺钉；2—紧固盖板；3—台架主体；4—手轮；
5—蜗杆升降机构；6—拉压力传感器；7—压头；8—等强度梁

或压头接触点不在实验梁的对称中心线上，将导致实验结果有误差，甚至错误。

（3）等强度梁的贴片：1#、2#、3#贴片分别位于梁水平上平面的纵向轴对称中心线上，1#、3#贴片在2#片左右对称分布，如图5-2所示。

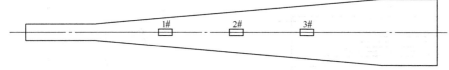

图5-2 等强度梁贴片

# 5.3 实 验 原 理

## 5.3.1 电阻应变测量原理

电阻应变测试方法是用电阻应变片测定构件的表面应变，再根据应变-应力关系（电阻-应变效应）确定构件表面应力状态的一种实验应力分析方法。这种方法是以粘贴在被测构件表面上的电阻应变片作为传感元件，当构件变形时，电阻应变片的电阻值将发生相应的变化，利用电阻应变仪将此电阻值的变化测定出来，并换算成应变值或输出与此应变值成正比的电压（或电流）信号，由记录仪记录下来，就可得到所测定的应变或应力。

## 5.3.2 电阻应变片

电阻应变片一般由敏感栅、引线、基底、覆盖层和黏结剂组成，图5-3所示为其构造示意图。

## 5.3.3 测量电路原理

通过在试件上粘贴电阻应变片，可以将试件的应变转换为应变片的电阻变化，但是通常这种电阻变化是很小的。为了便于测量，需将应变片的电阻变化转换成电压（或电流）信号，再通过电子放大器将信号放大，然后由指示仪或记录仪指示出应变值。这一任务是由电阻应变仪来完成的。而电阻应变仪中电桥的作用是将应变片的电阻变化转换成电压（或电流）信号。电桥根据其供电电源的类型可分为直流电桥和交流电桥，下面以直流电桥为例来说明其电路原理。

1. 电桥的平衡

测量电桥如图5-4所示，电桥各臂 $R_1$，$R_2$，$R_3$，$R_4$ 可以全部是应变片（全桥式接法），也可以部分是应变片，其余为固定电阻，如当 $R_1$，$R_2$ 为应变片，$R_3$，$R_4$ 接精密无感固定电阻时，称为半桥式接法。

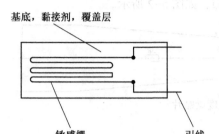

图 5-3  电阻应变片基本构造示意图

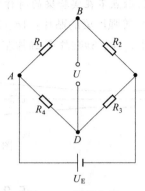

图 5-4  测量电桥

桥路 $AC$ 端的供桥电压为 $U_E$，则在桥路 $BD$ 端的输出电压为

$$U = \left(\frac{R_1}{R_1 + R_2} - \frac{R_4}{R_3 + R_4}\right)U_E = \frac{R_1 R_3 - R_2 R_4}{(R_1 + R_2)(R_3 + R_4)}U_E \quad (5\text{-}1)$$

由式（5-1）可知，当桥臂电阻满足 $R_1 R_3 = R_2 R_4$ 时，电桥输出电压 $U = 0$，称为电桥平衡。

2. 电桥输出电压

设起始处于平衡状态的电桥各桥路（应变片）的电阻值都发生了变化，即

$$R_1 \to R_1 + \Delta R_1 \ , \ R_2 \to R_2 + \Delta R_2 \ , \ R_3 \to R_3 + \Delta R_3 \ , \ R_4 \to R_4 + \Delta R_4$$

此时电桥输出电压的变化量为

$$\Delta U \approx \frac{\partial U}{\partial R_1}\Delta R_1 + \frac{\partial U}{\partial R_2}\Delta R_2 + \frac{\partial U}{\partial R_3}\Delta R_3 + \frac{\partial U}{\partial R_4}\Delta R_4 \quad (5\text{-}2)$$

可进一步整理为

$$\Delta U \approx \left[\frac{R_1 R_2}{(R_1 + R_2)^2}\left(\frac{\Delta R_1}{R_1} - \frac{\Delta R_2}{R_2}\right) + \frac{R_3 R_4}{(R_3 + R_4)^2}\left(\frac{\Delta R_3}{R_3} - \frac{\Delta R_4}{R_4}\right)\right]U_E \quad (5\text{-}3)$$

对以下常用的测量电路，该输出电压的变化可作进一步简化：

$$\Delta U \approx \frac{U_E}{4}\left(\frac{\Delta R_1}{R_1} - \frac{\Delta R_2}{R_2} + \frac{\Delta R_3}{R_3} - \frac{\Delta R_4}{R_4}\right) \quad (5\text{-}4)$$

1）全等臂电桥

在上述电桥中，各桥臂上的应变片的起始电阻值全相等，灵敏系数 $K$ 也相同，于是，以 $\Delta R_n/R_n = K\varepsilon_{(n)}$ 代入式（5-4），得

$$\Delta U \approx \frac{KU_E}{4}(\varepsilon_{(1)} - \varepsilon_{(2)} + \varepsilon_{(3)} - \varepsilon_{(4)}) \quad (5\text{-}5)$$

2）半等臂电桥

当 $R_1$，$R_2$ 为起始电阻值和灵敏系数 $K$ 都相同的应变片，$R_3$，$R_4$ 接精密无感固定电阻，此时

$$\Delta U \approx \frac{U_E}{4}\left(\frac{\Delta R_1}{R_1} - \frac{\Delta R_2}{R_2}\right) = \frac{KU_E}{4}(\varepsilon_{(1)} - \varepsilon_{(2)}) \tag{5-6}$$

3）1/4 电桥

当 $R_1$，$R_2$ 起始电阻值相同，$R_1$ 为灵敏系数 $K$ 的应变片，$R_2$，$R_3$，$R_4$ 接精密无感固定电阻，此时

$$\Delta U \approx \frac{U_E}{4}\frac{\Delta R_1}{R_1} = \frac{KU_E}{4}\varepsilon_{(1)} \tag{5-7}$$

3. 电桥电路的基本特性

（1）在一定的应变范围内，电桥的输出电压 $\Delta U$ 与各桥臂电阻的变化率 $\Delta R/R$ 或相应的应变片所感受的（轴向）应变 $\varepsilon_{(n)}$ 呈线性关系。

（2）各桥臂电阻的变化率 $\Delta R/R$ 或相应的应变片所感受的应变 $\varepsilon_{(n)}$ 对电桥输出电压的变化 $\Delta U$ 的影响是线形叠加的，其叠加方式为相邻桥臂异号，相对桥臂同号。

充分利用电桥的这一特性不仅可以提高应变测量的灵敏度及精度，而且还可以解决温度补偿等问题。

（3）温度补偿片。温度的变化对测量应变有一定的影响，消除温度变化的影响可采用以下方法。实测时，把粘贴在受载荷构件上的应变片作为 $R_1$，以相同的应变片粘贴在材料和温度都与构件相同的补偿块上，作为 $R_2$，以 $R_1$ 和 $R_2$ 组成测量电桥的半桥，电桥的另外两臂 $R_3$ 和 $R_4$ 为测试仪内部的标准电阻，则可以消除温度影响。

利用这种方法可以有效地消除温度变化的影响，其中作为 $R_2$ 的电阻应变片就是用来平衡温度变化的，称为温度补偿片。

## 5.4　实　验　步　骤

（1）将等强度梁安装于实验台上，注意加载点要位于等强度梁的轴对称中心上。

（2）将传感器连接到 BZ 2208-A 测力部分的信号输入端，将梁上应变片的导线分别接至应变仪任 1~3 通道的 $A$，$B$ 端子上，公共补偿片接在公共补偿端子上，检查并记录各测点的顺序。

（3）打开仪器，设置仪器的参数、测力仪的量程和灵敏度。

（4）本实验取初始载荷 $F_0 = 20$ N，$F_{max} = 100$ N，$\Delta F = 20$ N，以后每增加载荷 20 N，记录应变读数 $\varepsilon_i$，共加载 5 级，然后卸载。再重复测量，共测 3 次。取数值较好的一组，记录到数据列表中。

（5）未知灵敏度的应变片的简单标定：沿等强度梁的中心轴线方向粘贴未知灵敏度的应变片，焊接引出导线并将引出导线接 4 通道的 $A$，$B$ 端子，重复以上（3），（4）步。

（6）实验完毕，卸载。实验台和仪器恢复原状。

# 第6章

# 纯弯曲梁实验

## 6.1 实 验 目 的

（1）测定梁在纯弯曲时某一截面上的应力及其分布情况。

（2）观察梁在纯弯曲情况下所表现的虎克定律，从而判断平面假设的正确性。

（3）进一步熟悉电测静应力实验的原理并掌握其操作方法。

（4）实验结果与理论值比较，验证弯曲正应力公式 $\sigma = M \cdot y / I_z$ 的正确性。

（5）测定泊松比 $\mu$。

## 6.2 实 验 设 备

（1）纯弯梁正应力的分布规律实验装置，其安装图如图6-1所示。

（2）纯弯梁的安装与调整。在图6-1所示位置处，将拉压力传感器9安装在蜗杆升降机构8上拧紧，将支座2（两个）放于如图所示的位置，并对加力中心成对称放置，将加力杆接头4（两对）与台架主体6（两个）连接，分别用销子3悬挂在纯弯梁上，再用销子把加载下梁11固定于图上所示位置，调整加力杆的位置，使两杆都成铅垂状态并关于加力中心对称。摇动手轮7使传感器升到适当位置，将压头10放在图6-1所示位置，压头的尖端顶住加载下梁中部的凹槽，适当摇动手轮使传感器端部与压头稍稍接触。检查加载机构是否关于加载中心对称，如不对称应反复调整。

**注意：** 实验过程中应保证加载杆始终处于铅垂状态，并且整个加载机构关于中心对称，否则将导致实验结果有误差，甚至错误。

（3）纯弯梁的贴片。5#，4#贴片分别位于梁水平上、下平面的纵向轴对称中心线上，1#贴片位于梁的中性层上，2#，3#贴片分别位于距中性层和梁的上下边缘相等的纵向轴线上，6#贴片与5#贴片垂直，如图6-2所示。

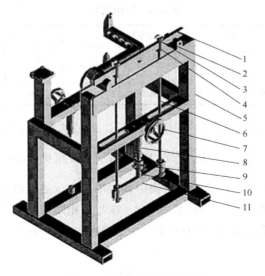

图 6-1　纯弯梁实验安装图

1—纯弯梁；2—支座；3—销子；4—加力杆接头；5—加力杆；6—台架主体；
7—手轮；8—蜗杆升降机构；9—拉压力传感器；10—压头；11—加载下梁

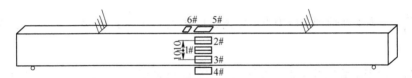

图 6-2　纯弯梁贴片

注：4#、5#贴片在梁的上下表面，6#贴片可在梁的上表面或下表面

## 6.3　实　验　原　理

本实验是在一根用低碳钢制成的矩形截面简支梁上进行的，当梁受集中力作用时，测定纯弯曲梁的正应力大小及其分布规律。应变片的粘贴位置如图 6-2 所示。这样可以测量试件上下边缘、中性层及其他中间点的应变，便于了解应变沿截面高度变化的规律。纯弯梁受力图如图 6-3 所示，其原始尺寸列于表 6-1。

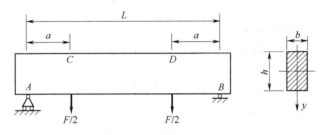

图 6-3　纯弯梁受力图

基础力学 实验指导

表 6-1 原始尺寸

| 材料 | 弹性模量/GPa | 几何参数 | | | 应变片参数 | | 应变仪灵敏系数 $K_{仪}$ |
|------|------------|---------|---------|---------|-----------|------|------|
| | | $b$/cm | $h$/cm | $a$/cm | 灵敏系数 $K_{片}$ | 电阻值 /Ω | |
| 碳钢 | 210 | 2.0 | 4.0 | 10.0 | 2.00 | 120 | 2.0 |

设作用在附梁的荷载为 $F$，则作用于梁 $C$，$D$ 处的荷载各为 $F/2$。若作内力图可知 $CD$ 段上的剪力 $F_Q$ 等于零，弯矩 $M = \dfrac{F}{2}a$。由此可见，$CD$ 段受纯弯曲作用。

在 $CD$ 段内任选的一个截面上，离中性层不同高度处，沿着平行于梁的轴线方向粘贴 5 个工作应变片，每片相距 $h/4$，在与梁相同材料不受力的钢片上贴上温度补偿片 $R_{补}$。梁受载后，由材料力学中梁受纯弯曲时的正应力公式可知，梁的弯曲正应力为

$$\sigma = \frac{My}{I_z} \tag{6-1}$$

式中：$M$ 为作用于横截面上的弯矩值，$M = \dfrac{F}{2}a$；$I_z$ 为横截面对中性轴的惯性矩，$I_z = \dfrac{bh^3}{12}$；$y$ 为中性轴到求应力点的距离；1，5 点：$y = \dfrac{h}{2}$；2，4 点：$y = \dfrac{h}{4}$；3 点：$y = 0$。

为了便于检验实验结果的线性度，实验时仍采用"增量法"加载，即每增加一级等量的荷载 $\Delta F$，测一次 1~5 点的应变增量 $\Delta \varepsilon$，然后取应变增量的平均值 $\Delta \varepsilon_{实}$，依次求出各点的应力增量 $\Delta \sigma_{实}$。

$$\Delta \sigma_{实} = E \Delta \varepsilon_{实} \tag{6-2}$$

式中：$E$ 为梁材料的弹性模量。

把式（6-2）代入式（6-1）得到应力增量

$$\Delta \sigma_{理} = \frac{\Delta My}{I_z}, \quad \Delta M = \frac{1}{2} \Delta Fa \tag{6-3}$$

进行比较，求出截面上各点应力理论值与实验值的相对误差。其计算式为

$$\eta = \frac{\Delta \sigma_{理} - \Delta \sigma_{实}}{\Delta \sigma_{理}} \times 100\% \tag{6-4}$$

以验证弯曲正应力公式的正确性。

材料的弹性模量 $E$ 值和泊松比 $\mu$ 值可以通过式（6-5）得到

$$E = \frac{\Delta F}{\Delta \varepsilon_{纵} A}, \quad \mu = \left| \frac{\Delta \varepsilon_{横}}{\Delta \varepsilon_{纵}} \right| \tag{6-5}$$

材料力学中还假设梁的纯弯曲是单向应力状态，为此在梁上（或下）表面横向粘贴 6# 应变片，可测出 $\varepsilon$，从而得到梁材料的弹性模量及泊松比。

# 6.4 实验步骤

（1）确认纯弯梁截曲宽度 $b$ = 20 mm，高度 $h$ = 40 mm，载荷作用点到梁两侧支点距离 $c$ = 100 mm。

（2）将传感器连接到 BZ 2208-A 测力部分的信号输入端，将梁上应变片的公共线接至应变仪任意通道的 $A$ 端子上，其他接至相应序号通道的 $B$ 端子上，公共补偿片接在公共补偿端子上。检查并记录各测点的顺序。

（3）打开仪器，设置仪器的参数，测力仪的量程和灵敏度设为传感器量程、灵敏度。

（4）本实验设初始载荷 $F_0$ = 0.5 kN（500 N），$F_{max}$ = 2.5 kN（2 500 N），$\Delta F$ = 0.5 kN（500 N），以后每增加载荷 500 N，记录应变读数 $\varepsilon_i$，共加载 5 级，然后卸载。再重复测量，共测 3 次。取数值较好的一组，记录到数据列表中。

（5）实验完毕，卸载。实验台和仪器恢复原状。

# 第7章

# 弯扭组合梁实验

## 7.1 实验目的

(1) 验证薄壁圆管在弯扭组合变形下主应力大小及方向的理论计算公式。

(2) 测定圆管在弯扭组合变形下的弯矩和扭矩。

(3) 掌握通过桥路的不同连接方案消扭测弯、消弯测扭的方法。

## 7.2 实验设备

(1) 弯扭组合梁的正应力的分布规律实验装置,其安装图如图7-1所示。

(2) 弯扭组合梁的安装与调整:该装置用的试件采用无缝钢管制成一空心轴,外径 $D = 40.5$ mm,内径 $d = 36.5$ mm,$E = 206$ GPa,如图7-2所示,根据设计要求初载 $\Delta F \geqslant 0.3$ kN,终载 $F_{max} \leqslant 1.2$ kN。

实验时将拉压力传感器7安装在蜗杆升降机构8上拧紧,顶部装上钢丝接头6。观察加载中心线是否与扇形加力架相切,如不相切调整紧固螺钉1 (共4个),调整好后用扳手将紧固螺钉拧紧。将钢丝5一端挂入扇形加力杆4的凹槽内,摇动手轮9至适当位置,把钢丝的另一端插入传感器上方的钢丝接头内。

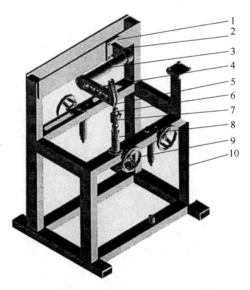

图7-1 弯扭组合梁实验安装图

1—紧固螺钉;2—固定支座;3—薄壁圆筒;

4—扇形加力杆;5—钢丝;6—钢丝接头;

7—拉压力传感器;8—蜗杆升降机构;

9—手轮;10—台架主体

**注意**：扇形加力杆不与加载中心线相切，将导致实验结果有误差，甚至错误。

（3）弯扭组合梁的贴片。

**注意**：1#贴片位于梁的上边缘弧面上，2#贴片位于梁中轴层上，均为45°应变花，如图7-3所示。

图7-2　弯扭组合梁实物图

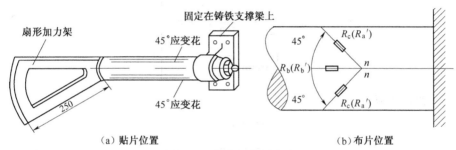

（a）贴片位置　　　　　　　　　　　（b）布片位置

图7-3　弯曲组合图贴片

# 7.3　实　验　原　理

### 7.3.1　主应力理论值计算

由图7-4可以看出，$A$ 点单元体承受由 $M$ 产生的弯曲应力 $\sigma_x$ 和由扭矩 $T$ 产生的剪应力 $\tau$ 的作用。$B$ 点单元体处于纯剪切状态，其剪应力由扭矩 $T$ 产生。这些应力可根据下列公式计算。

$$\sigma_x = \frac{|M|}{W_z} \tag{7-1}$$

$$W_z = \frac{\pi D^3}{32}(1 - d^4) \tag{7-2}$$

$$\tau = \frac{T}{W_t} \tag{7-3}$$

$$W_t = \frac{\pi D^3}{16}(1 - d^4) \tag{7-4}$$

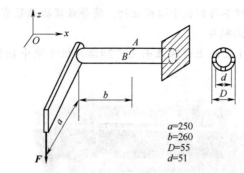

图 7-4　试样受力图（尺寸单位：mm）

从而得到 $A$ 点的主应力：

$$\left.\begin{array}{l} \sigma_1 = \dfrac{\sigma_x}{2} + \sqrt{\left(\dfrac{\sigma_x}{2}\right)^2 + \tau_{xy}^2} \\[4mm] \sigma_3 = \dfrac{\sigma_x}{2} - \sqrt{\left(\dfrac{\sigma_x}{2}\right)^2 + \tau_{xy}^2} \\[4mm] \alpha = \dfrac{1}{2}\arctan\dfrac{-2\tau_{xy}}{\sigma_x} \end{array}\right\} \qquad (7-5)$$

$B$ 点的主应力：

$$\left.\begin{array}{l} \sigma_1 = \tau_{xy} \\[2mm] \sigma_3 = -\tau_{xy} \\[2mm] \alpha = 45° \end{array}\right\} \qquad (7-6)$$

　　从上面分析知 $A$ 点、$B$ 点的主应力可以通过图 7-5 描述，在试件的 $A$ 点、$B$ 点上分别粘贴一个三向应变片，如图 7-6 所示，且有 $\tau = \tau_{xy}$ 就可以测出各点的应变值，并进行主应力的计算。

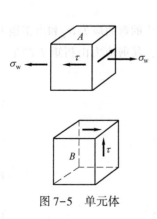

图 7-5　单元体

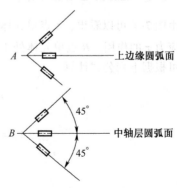

图 7-6　应变片的布置

### 7.3.2 主应力的测量

1. 主方向未知

图 7-4 中的薄壁圆筒同时承受着弯曲和扭转的作用，其表面各点由于没有外力的作用故处于平面应力状态。它们的主应力大小和方向是随各点的所在位置以及荷载大小的不同而改变的。设由图 7-4 的 $A$ 点周围取一单元体。

由应力状态知，若已知该点的应变分量 $\varepsilon_x$、$\varepsilon_y$、$\gamma_{xy}$，则利用广义虎克定律就可以求出该点的应力分量 $\sigma_x$、$\sigma_y$、$\tau_{xy}$，从而利用二向应力状态分析解析式中有关公式解决其主应力和主方向的计算问题。

由此可见，要用实验方法确定某一点的主应力大小和方向，一般只要能测得某一点的三个应变分量 $\varepsilon_x$、$\varepsilon_y$、$\gamma_{xy}$ 即可。然而，测定线应变 $\varepsilon$ 比较容易，但剪应变 $\gamma_{xy}$ 的测量却很困难。因此用电测法测定主应力就需要讨论一些有关的实验原理。

假设已知一点处的 $\varepsilon_x$、$\varepsilon_y$、$\gamma_{xy}$，则该点处任一指定方向 $\alpha$ 的线应变 $\varepsilon_\alpha$ 可由下式计算：

$$\varepsilon_\alpha = \frac{\varepsilon_x + \varepsilon_y}{2} + \frac{\varepsilon_x - \varepsilon_y}{2}\cos2\alpha - \frac{\gamma_{xy}}{2}\sin2\alpha \tag{7-7}$$

当构件上的测点为单向应力状态或主应力的主方向已知的复杂应力状态时，只需沿主方向粘贴电阻应变片，测出应变值 $\varepsilon$。代入广义虎克定律即可求出其主应力。但一般主方向是未知的，这就需要测出测点的三个方向的应变量，然后建立三个方程来解。在实际测试中，可将三个应变片互相夹一特殊角，组合在同一基片上。这种多轴电阻应变片就称为应变花。三个应变片之间互夹 45° 所组成的为直角应变花，如图 7-7 所示。互夹 60° 所组成的为等角应变花，如图 7-8 所示。

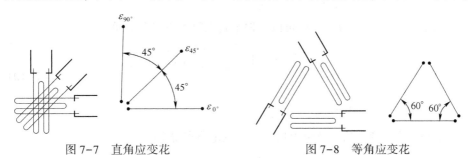

图 7-7　直角应变花　　　　　　　图 7-8　等角应变花

对于直角应变花，得到

$$
\left.\begin{aligned}
\varepsilon_{0°} &= \frac{\varepsilon_x + \varepsilon_y}{2} + \frac{\varepsilon_x - \varepsilon_y}{2}\cos 0° - \frac{\gamma_{xy}}{2}\sin 0° \\
\varepsilon_{45°} &= \frac{\varepsilon_x + \varepsilon_y}{2} + \frac{\varepsilon_x - \varepsilon_y}{2}\cos 90° - \frac{\gamma_{xy}}{2}\sin 90° \\
\varepsilon_{90°} &= \frac{\varepsilon_x + \varepsilon_y}{2} + \frac{\varepsilon_x - \varepsilon_y}{2}\cos 180° - \frac{\gamma_{xy}}{2}\sin 180°
\end{aligned}\right\} \tag{7-8}
$$

于是，可以联立求解式（7-8）可得

$$
\varepsilon_x = \varepsilon_{0°}, \quad \varepsilon_y = \varepsilon_{90°}
$$

当 $\alpha = -45°$ 时，$\gamma_{xy} = 2\varepsilon_{45°} - (\varepsilon_{0°} - \varepsilon_{90°})$；

当 $\alpha = +45°$ 时，$\gamma_{xy} = 2\varepsilon_{0°} - \varepsilon_{90°} - 2\varepsilon_{45°}$。

对于等角应变花，有

$$
\left.\begin{aligned}
\varepsilon_{0°} &= \frac{\varepsilon_x + \varepsilon_y}{2} + \frac{\varepsilon_x - \varepsilon_y}{2}\cos 0° - \frac{\gamma_{xy}}{2}\sin 0° \\
\varepsilon_{60°} &= \frac{\varepsilon_x + \varepsilon_y}{2} + \frac{\varepsilon_x - \varepsilon_y}{2}\cos 120° - \frac{\gamma_{xy}}{2}\sin 120° \\
\varepsilon_{120°} &= \frac{\varepsilon_x + \varepsilon_y}{2} + \frac{\varepsilon_x - \varepsilon_y}{2}\cos 240° - \frac{\gamma_{xy}}{2}\sin 240°
\end{aligned}\right\} \tag{7-9}
$$

联立求解式（7-9）可得

$$
\varepsilon_x = \varepsilon_{0°}
$$

$$
\varepsilon_y = \frac{-\varepsilon_{0°} + 2\varepsilon_{60°} + 2\varepsilon_{120°}}{3}
$$

$$
\gamma_{xy} = \frac{2}{\sqrt{3}}(\varepsilon_{120°} - \varepsilon_{60°})
$$

求得 $\varepsilon_x$、$\varepsilon_y$、$\gamma_{xy}$ 以后，就可以根据下式求得主应变大小和方向。

$$
\left.\begin{aligned}
\frac{\varepsilon_1}{\varepsilon_2} &= \frac{\varepsilon_x + \varepsilon_y}{2} + \sqrt{\left(\frac{\varepsilon_x - \varepsilon_y}{2}\right)^2 + \left(\frac{\gamma_{xy}}{2}\right)^2} \\
\tan 2\alpha &= -\frac{\gamma_{xy}}{\varepsilon_x - \varepsilon_y}
\end{aligned}\right\} \tag{7-10}
$$

求得了主应变之后，就可根据广义虎克定律求得主应力：

$$
\sigma_1 = \frac{E}{1 - \mu^2}(\varepsilon_1 + \mu\varepsilon_2) \tag{7-11}
$$

式中：$E$，$\mu$ 分别为构件材料的弹性模量和泊松比。

按上述过程可得出如下的计算公式。

（1）直角应变花，主应力大小为

$$
\frac{\sigma_1}{\sigma_2} = \frac{E}{2(1+\mu)}\left[\frac{1+\mu}{1-\mu}(\varepsilon_{0°} + \varepsilon_{90°}) \pm \sqrt{2}\sqrt{(\varepsilon_{0°} - \varepsilon_{+45°})^2 + (\varepsilon_{+45°} - \varepsilon_{90°})^2}\right]
$$

$$
\tag{7-12}
$$

$\sigma_1$ 与 0° 即轴线的夹角为

$$\alpha = \frac{1}{2}\arctan\frac{2\varepsilon_{+45°} - \varepsilon_{0°} - \varepsilon_{90°}}{\varepsilon_{0°} - \varepsilon_{90°}} \tag{7-13}$$

（2）等角应变花，主应力大小为

$$\genfrac{}{}{0pt}{}{\sigma_1}{\sigma_2} = \frac{E}{2(1+\mu)}\left[\frac{1+\mu}{1-\mu}\cdot\frac{\varepsilon_{0°} + \varepsilon_{90°} + \varepsilon_{120°}}{3} \pm \frac{\sqrt{2}}{3}\sqrt{(\varepsilon_{0°} - \varepsilon_{60°})^2 + (\varepsilon_{60°} - \varepsilon_{120°})^2 + (\varepsilon_{120°} - \varepsilon_{0°})^2}\right]$$

$$\tag{7-14}$$

$\sigma_1$ 与 0° 即轴线的夹角为

$$\alpha = \frac{1}{2}\arctan\frac{\sqrt{3}(\varepsilon_{60°} - \varepsilon_{120°})}{2\varepsilon_{0°} - \varepsilon_{60°} - \varepsilon_{120°}} \tag{7-15}$$

应用上述公式时要注意以下几点：

（1）0°的方向就是 $x$ 轴方向。

（2）角度从 $x$ 轴方向算起，逆时针为正，顺时针为负。

（3）应力与应变的符号规定：拉应力为正，压应力为负；剪应力绕截面内任一点的向量矩顺时针为正，逆时针为负；伸长线应变为正，缩短线应变为负。剪应变 $\gamma_{xy}$ 以使直角增大为正，减小为负。

2. 主方向已知

电阻应变片的应变测量只能沿应变片轴线方向的线应变。能测得 $x$ 方向、$y$ 方向和45°方向的三个线应变 $\varepsilon_x$，$\varepsilon_y$，$\varepsilon_{45°}$。为了计算主应力还要利用平面应力状态下的虎克定律和主应力计算公式，即

$$\sigma_x = \frac{E}{1-\mu^2}(\varepsilon_x + \mu\varepsilon_y) \tag{7-16}$$

$$\sigma_y = \frac{E}{1-\mu^2}(\varepsilon_y + \mu\varepsilon_x) \tag{7-17}$$

$$\tau_{xy} = \frac{E}{1+\mu}\left[-\varepsilon_{45°} + \frac{1}{2}(\varepsilon_x + \varepsilon_y)\right] \tag{7-18}$$

$$\genfrac{}{}{0pt}{}{\sigma_1}{\sigma_3} = \frac{\sigma_x + \sigma_y}{2} \pm \sqrt{\left(\frac{\sigma_x - \sigma_y}{2}\right)^2 + \tau_{xy}^2} \tag{7-19}$$

$$\tan(-2\alpha) = \frac{2\tau_{xy}}{\sigma_x - \sigma_y} \tag{7-20}$$

计算中应注意应变片贴片的实际方向，灵活运用此公式。

### 7.3.3 截面内力的分离测量

在工程实践中应变片电测方法不仅广泛用于结构的应变、应力测量，而且也把它当作应变的敏感元件用于各种测力传感器中。有时测量某一种内力而舍去另一种内力就需要采用内力分离的方法。

### 1. 弯矩的测量

在弯扭组合的构件上，只想测量构件所受弯矩的大小，可利用应变片接桥方法的改变就可实现。

利用图7-8的应变片布置，选用 $A$ 点沿轴线方向的应变片接入电桥的测量桥臂 $A'$、$B'$，选用 $B$ 点沿轴线方向的应变片接入电桥的温度补偿臂 $B'$、$C'$，这样就组成仪器测量的外部半桥，如图7-9所示。

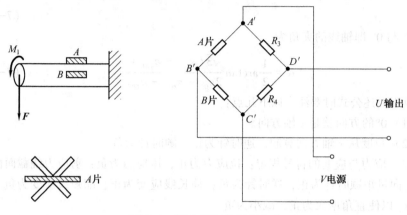

图7-9　测量弯矩的接桥方式

此接桥方式，$A$ 片受弯曲拉应力，$B$ 片无弯曲应力作用，而测量结果与扭转内力无关。

这种接法可以满足温度补偿的要求，并可计算出弯矩的大小，然后将实测结果与理论计算相比较。

根据上述接桥方式得到

$$\varepsilon_r = \varepsilon_A \tag{7-21}$$

式中：$\varepsilon_r$ 为应变读数；$\varepsilon_A$ 为 $A$ 点的线应变。

因此求得最大弯曲应力为

$$\sigma_{max} = E\varepsilon_r \tag{7-22}$$

还可以由下式计算最大弯曲应力，即

$$\sigma_{max} = \frac{MD}{2I_z} = \frac{32MD}{\pi(D^4 - d^4)} \tag{7-23}$$

令式（7-22）和式（7-23）相等，便可求得弯矩为

$$M = \frac{E\pi(D^4 - d^4)}{64D}\varepsilon_r \tag{7-24}$$

### 2. 扭矩的测量

在弯扭组合的构件上，只想测量构件所受的扭矩，也可利用应变片的接桥方式来实现。以图7-10中 $B$ 点的应变片为例，将 $B$ 点沿轴线呈45°的两个应变片接入相邻的两个桥臂，如图7-10所示。

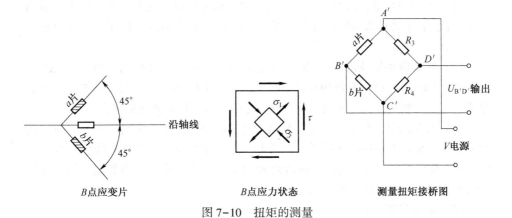

图 7-10 扭矩的测量

由于 $B$ 点处于弯曲的中性层，所以弯矩的作用对应变片没有影响。在扭转力矩作用下，应变片 $a$ 受到伸长变形接于桥臂 $A'$、$B'$，应变片 $b$ 受到压缩变形接于桥臂 $B'$、$C'$。由于接入相邻桥臂既使自身温度补偿，又使应变读数增加一倍。此处弯曲剪应力较小而未加考虑。

从而得到

$$\varepsilon_1 = \frac{1}{2}\varepsilon_r = -\varepsilon_3 \qquad (7-25)$$

代入胡克定律公式得

$$\sigma_1 = \frac{E}{2(1+\mu)}\varepsilon_r \qquad (7-26)$$

扭转时主应力 $\sigma_1$ 和切应力 $\tau$ 相等，故有

$$\sigma_1 = \tau = \frac{16TD}{2I_P} = \frac{16TD}{\pi(D^4 - d^4)} \qquad (7-27)$$

由式 (7-26) 和式 (7-27) 可得扭矩 $T$ 为

$$T = \frac{E\varepsilon_r}{2(1+\mu)} \cdot \frac{\pi(D^4 - d^4)}{16D} \qquad (7-28)$$

除了以上接桥之外，利用 $A$ 点的应变片也要组成同样功能的电桥来测量扭转力矩，在只有弯矩的作用下，$A$ 点沿轴线呈 $\pm 45°$ 的方向上的伸长是相等的，即 $a$ 片、$b$ 片伸长量相等而连接于电桥的相邻臂，则相互抵消电桥输出为零，其道理与温度补偿是一样的。所以如此接桥方式可消除弯矩的影响，而只测量出扭矩。另外，$A$ 点和 $B$ 点也可组成全桥来测量扭矩。

## 7.4 实 验 步 骤

（1）将传感器连接到 BZ 2208-A 测力部分的信号输入端，打开仪器，设置仪器的参数，测力仪的量程和灵敏度设为传感器量程、灵敏度。

（2）主应力测量：将两个应变花的公共导线分别接在仪器前任意两个通道的 A 端子上，其余各导线按顺序分别接至应变仪的 1 ~6 通道的 B 端子上，并设置应变仪参数。

（3）实验取初始载荷 $F_0$ = 0.2 kN（200 N），$F_{max}$ = 1 kN（1 000 N），$\Delta F$ = 0.2 kN（200 N），以后每增加载荷 200 N，记录应变读数 $\varepsilon_i$，共加载 5 级，然后卸载。再重复测量，共测 3 次。取数值较好的一组，记录到数据列表中。

（4）弯矩测量：将梁上 A 点沿轴线应变片的公共线接至应变仪 1 通道的 B 端子上，另一端接 1 通道的 A 端子上；梁上 A 点沿轴线应变片的公共线接至应变仪 1 通道的 B 端子上，另一端接 1 通道的 C 端子上。设置应变仪参数到半桥，未加载时平衡一次，然后转入测量状态。

（5）重复步骤（3）。

（6）扭矩测量：将梁上 B 点沿轴线呈 45°的两个应变片公共线接至应变仪 1 通道的 B 端子上，另一端分别接 1 通道的 A 端子和 C 端子上。设置应变仪参数为半桥；未加载时平衡测力通道和所选测应变通道电桥（应变部分按平衡键，测力部分按增键），然后转入测量状态。

（7）重复步骤（3）。

（8）实验完毕，卸载。实验台和仪器恢复原状。

# 第 8 章

# 连续梁实验

## 8.1 实 验 目 的

（1）实测多跨连续静不定梁截面的应力分布。
（2）研究连续梁的正应力的分布规律。

## 8.2 实 验 设 备

### 1. 连续梁的安装与调整

在图 8-1 所示位置，将拉压力传感器 9 安装在蜗杆升降机构 8 上拧紧，将侧支座 1（两个）和中间支座 4 放于如图所示的位置，并关于加力中心对称放置，将连续梁 5 置于支座上，也对称放置，如图 8-2 所示。将加力杆接头 3（两对）与

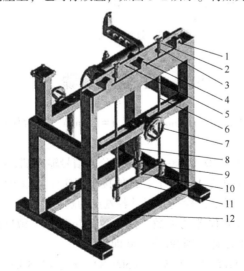

图 8-1　连续梁实验安装图

1—侧支座；2—销子；3—加力杆接头；4—中间支座；5—连续梁；6—加力杆；7—手轮；
8—蜗杆升降机构；9—拉压力传感器；10—压头；11—加载下梁；12—台架主体

加力杆 6（两个）连接，分别用销子 2 悬挂在实验梁上，再用销子把加载下梁 11 固定于图 8-1 所示位置，调整加力杆的位置两杆都成铅垂状态并关于加力中心对称。摇动手轮 7 使传感器升到适当位置，将压头 10 放在图 8-1 所示位置，压头的尖端顶住加载下梁中部的凹槽，适当摇动手轮使传感器端部与压头稍稍接触。检查加载机构是否关于加载中心对称，如不对称应反复调整。

**注意：** 实验过程中应保证加载杆始终处于铅垂状态，并且整个加载机构关于中心对称，否则将导致实验结果有误差，甚至错误。

2. 连续梁的贴片

$A$，$C$，$E$ 三点为支座反力作用点，$B$，$D$ 为加载集中力作用点，如图 8-2 所示。

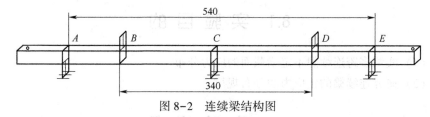

图 8-2　连续梁结构图

1#，5#贴片分别在梁纵向 1/2 处的上下平面中心线上，3#，8#贴片在梁竖向平面的水平对称中心线上；6#，10#贴片分别在梁纵向 1/4 处的上下平面中心线上，如图 8-3 所示。

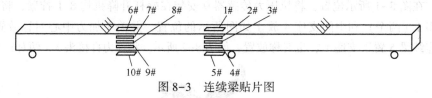

图 8-3　连续梁贴片图

## 8.3　实验步骤

（1）连续梁截面宽度 $b = 15$ mm，高度 $h = 25$ mm，载荷作用点到梁两侧支点距离 $c = 100$ mm。

（2）将传感器连接到 BZ 2208-A 测力部分的信号输入端，将梁上应变片的公共线接至应变仪任一通道的 $A$ 端子上，其他接至相应序号通道的 $B$ 端子上，公共补偿片接在公共补偿端子上，检查并记录各测点的顺序。

（3）打开仪器，设置仪器的参数，测力仪的量程和灵敏度设为传感器量程、灵敏度。注意：如果不接补偿则 S6 设为 0 即可。

（4）本实验取初始载荷 $F_0 = 0.5$ kN（500 N），$F_{max} = 2.5$ kN（2 500 N），$\Delta F = 0.5$ kN（500 N），以后每增加载荷 500 N，记录应变读数 $\varepsilon_i$，共加载 5 级，然后卸载。

（5）实验完毕，卸载。实验台和仪器恢复原状。

# 实验报告一

# 拉伸实验

实验组别：_____级_____专业_____班_____组

实验者姓名：_____实验日期_____年_____月_____日

## 一、实验目的

## 二、实验设备

仪器型号名称：_____选用量程_____kN；精度_____kN。

量具名称：_____精度_____mm。

## 三、实验记录

### 1. 试件尺寸

| 材料名称 | 试件标距 $l_0$ /mm | 直径 $d$/mm | | | | | | | | | 最小截面面积 $A_0$/mm² |
|---|---|---|---|---|---|---|---|---|---|---|---|
| | | 截面 I | | | 截面 II | | | 截面 III | | | |
| | | (1) | (2) | 平均 | (1) | (2) | 平均 | (1) | (2) | 平均 | |
| 低碳钢 | | | | | | | | | | | |
| 铸铁 | | | | | | | | | | | |

### 2. 载荷记录

| 材料名称 | 屈服荷载 $F_s$/kN | 最大荷载 $F_b$/kN |
|---|---|---|
| 低碳钢 | | |
| 铸铁 | | |

### 3. 测 $\delta$, $\psi$ 记录

| 材料名称 | 断后标距 $l_1$ /mm | 断口（颈缩处）直径 $d_1$/mm | | | | | | 断口（颈缩处）最小截面面积 $A_0$/mm² |
|---|---|---|---|---|---|---|---|---|
| | | 左段 | | | 右段 | | | |
| | | (1) | (2) | 平均 | (1) | (2) | 平均 | |
| 低碳钢 | | | | | | | | |

## 四、实验结果

### 1. 绘制低碳钢、铸铁拉伸图

低碳钢                           铸铁

### 2. 计算结果（注意单位）

（1）低碳钢

$$\sigma_s = \frac{F_s}{A_0}$$

$$\sigma_b = \frac{F_b}{A_0}$$

$$\delta = \frac{l_1 - l_0}{l_0} \times 100\%$$

$$\psi = \frac{A_1 - A_0}{A_0} \times 100\%$$

（2）铸铁

$$\sigma_b = \frac{F_b}{A_0}$$

## 五、回答下列问题

1. 为什么在调整度盘指针"零"点之前，需先将其活动平台升高 5~10 mm？

2. 试比较低碳钢和铸铁拉伸时的机械性能有何异同？

3. 如材料相同，直径相同的长比例试件 $L_0 = 10d_0$ 和短比例试件 $L_0 = 5d_0$ 相比，其拉断后伸长率 $\delta$ 是否相同？

4. 实验时如何观察低碳钢的屈服点？测定 $\sigma_s$ 时为何要对加载速度提出要求？

# 实验报告二

## 压缩实验

实验组别：＿＿＿＿级＿＿＿＿专业＿＿＿＿班＿＿＿＿组

实验者姓名：＿＿＿＿实验日期＿＿＿＿年＿＿＿＿月＿＿＿＿日

### 一、实验目的

### 二、实验设备

仪器型号名称：＿＿＿＿选用量程＿＿＿＿kN，精度＿＿＿＿kN；

量具名称：＿＿＿＿精度＿＿＿＿mm。

### 三、实验记录

| 材料名称 | 直径 $d$/mm | | | | | | | | | 最小截面面积 $A_0$ /mm² | 最大荷载 $F_b$/kN |
|---|---|---|---|---|---|---|---|---|---|---|---|
| | 截面 I | | | 截面 II | | | 截面 III | | | | |
| | (1) | (2) | 平均 | (1) | (2) | 平均 | (1) | (2) | 平均 | | |
| 铸铁 | | | | | | | | | | | |

### 四、计算结果

1. 绘制铸铁压缩图

2. 计算铸铁 $\sigma_b$：

### 五、回答下列问题

1. 试分别比较低碳钢和铸铁在轴向压缩时的力学性能有何异同？

2. 对压缩试件的尺寸有什么要求？为什么？

3. 铸铁的压缩破坏形式说明了什么？

4. 为什么实验不能求得低碳钢的抗压强度？

5. 为什么铸铁试件在压缩时沿着与轴线大致呈 45°的斜截面破坏？

# 实验报告三

# 拉伸时材料弹性常数 $E$、$\mu$ 的测定实验

实验组别：_____级_____专业_____班_____组

实验者姓名：_____实验日期_____年_____月_____日

## 一、实验目的

## 二、实验设备

仪器型号名称：_____选用量程_____kN，精度_____kN；

量具名称：_____精度_____mm

测变形仪器名称：_____仪器编号_____

## 三、实验记录

1. 试件尺寸

| 材料名称 | 高 $h$/mm | | | | 宽 $b$/mm | | | | 截面面积 $A_0$/mm² |
|---|---|---|---|---|---|---|---|---|---|
| | 截面Ⅰ | 截面Ⅱ | 截面Ⅲ | 平均 | 截面Ⅰ | 截面Ⅱ | 截面Ⅲ | 平均 | |
| 低碳钢 | | | | | | | | | |

2. 应变仪测 $E$ 数据记录

| 荷载 $F_i$/kN | 项目 测定次数 | 轴向伸长/ $\mu\varepsilon_1$ (1) | (2) | (3) | 应变增量 $\Delta\varepsilon = \varepsilon_i - \varepsilon_{i-1}$ (1) | (2) | (3) | 取较好的一组 $\Delta\varepsilon$ | $\Delta\sigma = \dfrac{\Delta F}{A_0}$ | $E_i$/MPa $E_i = \dfrac{\Delta\sigma}{\Delta\varepsilon}$ | $E$/MPa $\dfrac{1}{3}\sum\limits_{i=1}^{3}E_i$ |
|---|---|---|---|---|---|---|---|---|---|---|---|
| $F_0=$ | | | | | | | | | | | |
| $F_1=$ | | | | | | | | | | | |
| $F_2=$ | | | | | | | | | | | |
| $F_3=$ | | | | | | | | | | | |

3. 应变仪测 $\mu$ 数据记录

| 荷载 $F_i$/kN | 项目 测定次数 | 轴向伸长/ $\mu\varepsilon_1$ (1) | (2) | (3) | 横向缩短/ $\mu\varepsilon_2$ (1) | (2) | (3) | 应变增量 $\Delta\varepsilon = \varepsilon_i - \varepsilon_{i-1}$ (1) | (2) | (3) | 取较好的一组 $\Delta\varepsilon$ 轴向 | 横向 | $\mu_i = \left|\dfrac{\Delta\varepsilon'}{\Delta\varepsilon}\right|$ | $\mu = \dfrac{\sum\limits_{i=1}^{3}M_i}{3}$ |
|---|---|---|---|---|---|---|---|---|---|---|---|---|---|---|
| $F_0=$ | | | | | | | | | | | | | | |
| $F_1=$ | | | | | | | | | | | | | | |
| $F_2=$ | | | | | | | | | | | | | | |
| $F_3=$ | | | | | | | | | | | | | | |

## 四、实验结果

利用各向同性材料的三个弹性常数 $E$、$G$、$\mu$ 的关系：$G = \dfrac{E}{2(1+\mu)}$ 计算剪切弹性模量 $G$。

## 五、回答下列问题

1. 为什么要用等量增载法实验？

2. 试件的尺寸和形状对测定的 $E$ 与 $\mu$ 有无影响？为什么？

3. 在实验中，采取什么措施可以消除偏心加载对 $E$ 和 $\mu$ 的影响？

4. 为何要用逐级等量加载法进行试验？用逐级等量加载法求出的弹性模量与一次加载到最终值所求出的弹性模量是否相同？

5. 在拉伸破坏试验中，为什么取三个不同截面面积的最小值作为试件的横截面面积，而测量弹性模量时，则取三个不同截面面积的平均值？

# 实验报告四

# 扭转实验

实验组别：_____级_____专业_____班_____组

实验者姓名：_____实验日期_____年_____月_____日

## 一、实验目的

## 二、实验设备

仪器型号名称：_____选用量程_____N·m，精度_____N·m。

量具名称：_____精度_____mm。

## 三、实验记录

1. 试件尺寸

| 材料名称 | 试件标距 $l_0$ /mm | 直径 $d$/mm | | | | | | | | | 抗扭截面模量 $W_p$/mm³ |
|---|---|---|---|---|---|---|---|---|---|---|---|
| | | 截面Ⅰ | | | 截面Ⅱ | | | 截面Ⅲ | | | |
| | | （1） | （2） | 平均 | （1） | （2） | 平均 | （1） | （2） | 平均 | |
| 低碳钢 | | | | | | | | | | | |
| 铸铁 | | | | | | | | | | | |

2. 载荷记录

| 材料名称 | 屈服荷载 $T_s$/（N·m） | 最大荷载 $T_b$/（N·m） |
|---|---|---|
| 低碳钢 | | |
| 铸铁 | | |

## 四、实验结果

### 1. 绘制扭转图

低碳钢　　　　　　　　　铸铁

### 2. 计算结果（注意单位）

（1）低碳钢

$$\tau_s = \frac{3}{4}\frac{T_s}{W_p}$$

$$\tau_b = \frac{3}{4}\frac{T_b}{W_p}$$

（2）铸铁

$$\tau_b = \frac{T_b}{W_p}$$

## 五、回答下列问题

1. 扭转时，低碳钢和铸铁的破坏断口有何不同？为什么？

2. 如图 4-5 所示，为什么当 $T = T_p$，周边上的剪应力 $\tau = \tau_s$，即 $T - \varphi$ 曲线到达 $A$ 点后，曲线还继续上升？

3. 低碳钢拉伸和扭转的断裂方式是否一样？破坏原因是否一样？

4. 铸铁在压缩破坏试验和扭转试验中，断裂外缘与轴线夹角是否相同？破坏原因是否相同？

5. 理论上在计算低碳钢扭转的屈服点和抗扭强度时，为什么公式中有 3/4 这个系数？

# 实验报告五

# 等强度梁实验

实验组别：_____级_____专业_____班_____组

实验者姓名：_____实验日期_____年_____月_____日

## 一、实验目的



## 二、实验设备

测变形仪器名称：_____仪器编号_____。

## 三、实验记录

| 载荷 $F/N$ | 应变仪读数 $\varepsilon$ | | | | | | | |
|:---:|:---:|:---:|:---:|:---:|:---:|:---:|:---:|:---:|
| | $\varepsilon_1$ | $\Delta\varepsilon_1$ | $\varepsilon_2$ | $\Delta\varepsilon_2$ | $\varepsilon_3$ | $\Delta\varepsilon_3$ | $\varepsilon_4$ | $\Delta\varepsilon_4$ |
| −20 | | — | | — | | — | | — |
| −40 | | | | | | | | |
| −60 | | | | | | | | |
| −80 | | | | | | | | |
| −100 | | | | | | | | |
| | — | | — | | — | | — | |
| 平均值 | $\Delta\varepsilon_{未知}$ | | | $\Delta\varepsilon_{未知}$ | | | | |
| 灵敏度 $= 2.00 \times$ $\Delta\varepsilon_{未知}/\Delta\varepsilon_{已知}$ | | | | | | | | |

## 四、回答下列问题

1. 分析各种桥路接线方式中温度补偿的实现方式。

2. 采用串联或并联测量方法能否提高测量灵敏度？为什么？

3. 分析实验值和理论值不完全相同的原因。

# 实验报告六

# 梁的弯曲正应力实验

实验组别：_____级_____专业_____班_____组

实验者姓名：_____实验日期_____年_____月_____日

## 一、实验目的

## 二、实验设备

测变形仪器名称：_____仪器编号_____

## 三、实验记录

### 1. 各截面应力值

| 截面位置 | 实测应力值/MPa | 理论应力值/MPa | 相对误/% | 应力分布图 |
|---|---|---|---|---|
| 1 | | | | |
| 2 | | | | |
| 3 | | | | |
| 4 | | | | |
| 5 | | | | |

基础力学　实验指导

2. 测变形仪器读数

| 材料名称 | 弹性模量 $E$ | 梁横截面尺寸/mm | | 支座与作用点距离 $a$/mm | 荷载/kN | | 应变仪读数/($\times 10^{-6}$) | | | | | | | | | | | | | | |
| | | 高 $h$ | 宽 $b$ | | $F$ | $\Delta F$ | 1 点 | | | 2 点 | | | 3 点 | | | 4 点 | | | 5 点 | | |
| | | | | | | | 读数 $\varepsilon$ | 增量 $\Delta\varepsilon$ | 平均增量 $\Delta\varepsilon_平$ | 读数 $\varepsilon$ | 增量 $\Delta\varepsilon$ | 平均增量 $\Delta\varepsilon_平$ | 读数 $\varepsilon$ | 增量 $\Delta\varepsilon$ | 平均增量 $\Delta\varepsilon_平$ | 读数 $\varepsilon$ | 增量 $\Delta\varepsilon$ | 平均增量 $\Delta\varepsilon_平$ | 读数 $\varepsilon$ | 增量 $\Delta\varepsilon$ | 平均增量 $\Delta\varepsilon_平$ |
| 低碳钢 | | | | | | | | | | | | | | | | | | | | | |

## 四 、回答下列问题

1. 实验结果与理论计算值是否一致？若不一致，其主要影响因素是什么？

2. 弯曲正应力的大小是否会受材料弹性常数的影响？

3. 两个几何尺寸及加载情况完全相同的量，而材料不同，试问在同一位置测得的应变是否相同，应力是否相同？

4. 实验中采取了什么措施？证明载荷与弯曲正应力之间呈线性关系。

5. 中性层实测应变不为零的原因可能是什么？试用相邻测试点的应变值进行分析？

# 实验报告七

# 平面应力状态下主应力的测试实验

实验组别：_____级_____专业_____班_____组

实验者姓名：_____实验日期_____年_____月_____日

## 一、实验目的



## 二、实验设备

测变形仪器型号名称：_____仪器编号_____

## 三、实验记录

弹性模量 $E$ = _____，泊松比 $\mu$ = _____。

构件尺寸外径 $D$ = _____，内径 $d$ = _____。

抗扭截面模量 $W_p$_____，抗弯截面模量 $W_z$_____。

加力臂长 $a$ = _____ mm。

自由端端部到测点的距离 $l$ = _____ mm。

| 荷载/N | | 应变仪读数/ $\times 10^{-6}$ | | | | | | | | |
|---|---|---|---|---|---|---|---|---|---|---|
| | | 片 1 | | | 片 2 | | | 片 3 | | |
| $F$ | $\Delta F$ | $\varepsilon_1$ | $\Delta \varepsilon_1$ | $\Delta \varepsilon_{1平}$ | $\varepsilon_2$ | $\Delta \varepsilon_2$ | $\Delta \varepsilon_{2平}$ | $\varepsilon_3$ | $\Delta \varepsilon_3$ | $\Delta \varepsilon_{3平}$ |
| | | | | | | | | | | |
| | | | | | | | | | | |
| | | | | | | | | | | |
| | | | | | | | | | | |

## 四、实验计算

1. 计算 $m$ 点的实测主应力和主方向：

2. 计算 $m$ 点的理论主应力和主方向：

## 五、回答下列问题

1. 试求实测主应力、主方向与理论主应力、主方向的相对误差。引起误差的主要原因有哪些？

2. 主应力测量时，应变花是否可沿任意方向粘贴？

3. 若将测点选在圆筒的中性轴位置，则其主应力值将发生怎样的变化？这时可以贴什么样的应变片？能测出哪种应力？

# 实验报告八

# 连续梁实验

实验组别：_____级_____专业_____班_____组

实验者姓名：_____实验日期_____年_____月_____日

## 一、实验目的

## 二、实验设备

测变形仪器名称：_____仪器编号_____

## 三、实验记录

| 载荷 $F/N$ | 应变仪读数/ $\times 10^{-6}$ | | | | | | | | | |
|---|---|---|---|---|---|---|---|---|---|---|
| | 1 | 2 | 3 | 4 | 5 | 6 | 7 | 8 | 9 | 10 |
| $-500$ | | | | | | | | | | |
| $-1\,000$ | | | | | | | | | | |
| $-1\,500$ | | | | | | | | | | |
| $-2\,000$ | | | | | | | | | | |
| $-2\,500$ | | | | | | | | | | |
| $\Delta\varepsilon_1$ | | | | | | | | | | |
| $\Delta\varepsilon_2$ | | | | | | | | | | |
| $\Delta\varepsilon_3$ | | | | | | | | | | |
| $\Delta\varepsilon_4$ | | | | | | | | | | |
| $\Delta\varepsilon_5$ | | | | | | | | | | |
| $\overline{\Delta\varepsilon}_\text{实}$ | | | | | | | | | | |

## 四、回答下列问题

1. 试求实测连续梁的应力分布，实验值与理论值的相对误差。

2. 引起误差的主要原因有哪些？

# 参 考 文 献

[1] 王天宏，吴善幸，丁勇．材料力学实验指导书[M]．北京：中国水利水电出版社，2016．

[2] 同济大学航空航天与力学学院力学实验中心．材料力学教学实验[M]．3版．上海：同济大学出版社，2012．

[3] 王彦生．材料力学实验[M]．北京：中国建筑工业出版社，2009．

[4] 邹广平．材料力学实验基础[M]．2版．哈尔滨：哈尔滨工程大学出版社，2010．

[5] 佘斌．材料力学实验简明教程[M]．2版．南京：南京大学出版社，2016．

[6] 王莹．材料力学实验指导书[M]．郑州：黄河水利出版社，2012．

[7] 古滨．材料力学实验指导与实验基本训练[M]．2版．北京：北京理工大学出版社，2016．

[8] 金属材料室温压缩试验方法规范（GB/T 7314—2017）．

[9] 金属材料室温拉伸试验方法规范（GB/T 228.1—2010）．

[10] 金属材料弯曲实验方法规范（GB/T 232—2010）．

[11] 金属材料室温扭转试验方法规范（GB/T 10128—2007）．

[12] BZ8001多功能力学实验装置使用说明书．

[13] 阚前华，张旭．材料力学实验、仿真与理论[M]．北京：科学出版社，2018．

[14] 刘鸿文，吕荣坤．材料力学实验[M]．4版．北京：高等教育出版社，2017．

[15] 申向东．材料力学[M]．北京：中国水利水电出版社，2012．